EUL VERLAG

Schriften zu Familienunternehmen · Band 5

Herausgegeben vom Wittener Institut für Familienunternehmen

Dr. Christopher D. Iliou

Corporate Governance und mittelständische Familienunternehmen

Ein nur scheinbarer Widerspruch

EUL VERLAG

Bibliografische Information der Deutschen Nationalbibliothek

Die Deutsche Nationalbibliothek verzeichnet diese Publikation in der Deutschen Nationalbibliografie; detaillierte bibliografische Daten sind im Internet über <http://dnb.d-nb.de> abrufbar.

ISBN 978-3-89936-910-6
1. Auflage April 2010

JOSEF EUL VERLAG GmbH
Brandsberg 6
53797 Lohmar
Tel.: 0 22 05 / 90 10 6-6
Fax: 0 22 05 / 90 10 6-88
E-Mail: info@eul-verlag.de
http://www.eul-verlag.de

Bei der Herstellung unserer Bücher möchten wir die Umwelt schonen. Dieses Buch ist daher auf säurefreiem, 100% chlorfrei gebleichtem, alterungsbeständigem Papier nach DIN 6738 gedruckt.

FÜR SIMONE

Vorwort

Das vorliegende Buch geht auf eine Dissertation zurück, die ich in den Jahren 2002 bis 2004 am Wittener Institut für Familienunternehmen (WIFU), das damals noch Deutsche Bank Institut für Familienunternehmen hieß, schrieb. Bereits damals war ich fasziniert vom interdisziplinären Forschungsansatz des Instituts, der es erlaubt, die einzigartigen Besonderheiten des ebenso vielschichtigen wie vielfältigen Forschungsgegenstands der Familienunternehmen von verschiedenen Blickwinkeln aus zu beleuchten. Noch immer fühle ich mich dem WIFU sehr verbunden und so zögerte ich nicht, den Forschungsgegenstand meiner Dissertation noch einmal neu aufzuarbeiten, als mir das vom WIFU angetragen wurde.

Das Ergebnis ist ein Werk, das bewusst lesbar geschrieben ist und die Thematik anhand vieler praktischer Fallbeispiele aufbereitet. Zu danken habe ich dafür an erster Stelle den FamilienunternehmerInnen, Frau Dr. Antje von Dewitz, Herrn Dieter Baur sowie Herrn Karl Schobloch, die sich die Zeit für ein Interview genommen haben. Des Weiteren bin ich Frau Anika Bollinger, der Leiterin des Marketing bei der wenglor sensoric gmbh, sehr verbunden für das Arrangieren und Begleiten des Gesprächs mit Herrn Baur. Mein besonderer Dank gilt außerdem meinem sehr guten Freund, Herrn Christian von Wahlert, der das Werk durch seine Ideen und Initiativen maßgeblich mit geprägt hat. Schließlich möchte ich Herrn Christian Pieper, wissenschaftlicher Assistent am WIFU, für seine stets freundliche und hilfsbereite Unterstützung danken.

Stuttgart, den 1. März 2010 Dr. Christopher D. Iliou

Wittener Institut für Familienunternehmen

Das Wittener Institut für Familienunternehmen (WIFU) ist in Deutschland der Pionier und Wegweiser akademischer Forschung und Lehre zu Besonderheiten von Familienunternehmen. Bereits bei der Institutsgründung 1998 wurde das Fundament der konsequent interdisziplinären Ausrichtung des WIFU gelegt: drei Lehrstühle - Betriebswirtschaftslehre, Psychologie / Soziologie und Rechtswissenschaften - bilden das wissenschaftliche Spiegelbild der Gestalt von Familienunternehmen. Dadurch hat sich das WIFU eine einzigartige Expertise im Bereich Familienunternehmen erarbeitet. Seit 2004 ermöglichen die Institutsträger - ein exklusiver Kreis von über 40 Familienunternehmen - dass das WIFU auf Augenhöhe als Institut von Familienunternehmen für Familienunternehmen agieren kann. Das WIFU nutzt diese europaweit einzigartigen Voraussetzungen, um Forschung und Lehre über diese besondere Organisationsform konsequent voranzutreiben und innovative Problemlösungsansätze zu erarbeiten. Mit aktuell sieben Professoren leistet das WIFU mittlerweile seit über zwölf Jahren einen signifikanten Beitrag zur generationenübergreifenden Zukunftsfähigkeit von Familienunternehmen.

Inhaltsverzeichnis

1. Einführung ... 1
1.1 Definition des Begriffs „Familienunternehmen“ ... 2
1.2 Definition des Begriffs „Mittelstand“ ... 4
2. Zu untersuchende Fragestellung ... 7
2.1 Die Corporate Governance-Diskussion ... 7
2.1.1 Begriff der „Corporate Governance“ ... 7
2.1.2 Prinzipal-Agent-Konflikt ... 8
2.2 Die Struktur mittelständischer Familienunternehmen ... 10
2.3 Familienunternehmen mit einem großen Kreis von Gesellschaftern ... 11
2.4 Abgrenzung der Thematik ... 13
3. Die Corporate Governance-Diskussion ... 15
3.1 Ausgestaltung des Kontrollorgans ... 15
3.1.1 Stärkung der Unabhängigkeit des Kontrollorgans vom Geschäftsführungsorgan ... 15
3.1.2 Beschränkung der Höchstzahl der Mandate in Kontrollorganen ... 18
3.1.3 Reform der inneren Struktur des Kontrollorgans ... 18
3.1.4 Erweiterung der Aufgaben des Kontrollorgans ... 20
3.2 Vergütung des geschäftsführenden Organs ... 22
3.3 Informationspflichten ... 25
3.3.1 Vergütung des Managements ... 25
3.3.2 Deutscher Corporate Governance Kodex ... 26
3.3.3 Information des Kontrollorgans ... 30
3.3.4 Sonstige Informationspflichten ... 31
3.4 Verschärfung der Haftung ... 31
3.4.1 Pflichten der Organe ... 32
3.4.2 Business Judgment Rule ... 34
3.4.3 Kehrseite der Haftungsverschärfung ... 35
3.4.4 D&O-Versicherung ... 35
4. Übertragung der Corporate Governance-Diskussion auf Familienunternehmen ... 39
4.1 Regelung der Unternehmensnachfolge ... 39
4.1.1 Besondere Unternehmerpersönlichkeit ... 40

4.1.2 Materielle Aspekte der Unternehmensnachfolge ... 42
4.1.3 Persönliche Schwierigkeit des Rückzugs des Unternehmers ... 43
4.1.4 Bürde des Nachfolgers ... 43
4.1.5 Kollision von familiärem Gerechtigkeitsdenken und Bedürfnissen des Unternehmens ... 44
4.1.6 Folge: Zu langes Hinauszögern der Unternehmensübergabe ... 45
4.1.7 Schwierigkeit der Akzeptanz des Nachfolgers ... 46
4.1.8 Nutzen von Corporate Governance-Strukturen für die Unternehmensnachfolge ... 47
4.1.9 Ungeplante Unternehmensnachfolge ... 48
4.2 Finanzierungsfragen ... 50
4.3 Konfliktlösung ... 51
4.4 Risikomanagement ... 54
4.4.1 Besonderes Interesse der Gesellschafter am Erhalt des Familienunternehmens ... 54
4.4.2 Besonderes Risiko des Fehlschlagens geschäftlicher Entscheidungen bei mittelständischen Familienunternehmen ... 55
4.4.3 Entscheidungskontrolle durch Corporate Governance-Strukturen ... 56
4.5 Ergebnis ... 57
5. Implementierung von Corporate Governance-Strukturen in mittelständischen Familienunternehmen ... 59
5.1 Einrichtung eines Beirats ... 59
5.1.1 Begriffsbestimmung ... 59
5.1.2 Aufgaben des Beirats ... 61
5.1.3 Grenzen der Zuständigkeitsverlagerung ... 65
5.1.4 Größe und Besetzung des Beirats ... 70
5.2 Erstellung eines Code of best practice ... 71
5.2.1 Art des unternehmenseigenen Regelwerks ... 73
5.2.2 Inhalt des unternehmenseigenen Regelwerks ... 74
5.3 Einführung einer erfolgsabhängigen Vergütung ... 78
5.4 Informationspflichten ... 80
6. Ergebnis ... 83
Literaturverzeichnis ... 85

1. Einführung

Im Zuge eines unsicherer werdenden wirtschaftlichen Umfelds erscheinen vielen Personen die Familienunternehmen als letzter Hort von Sicherheit und Zuverlässigkeit in Deutschlands Wirtschaftsleben. Denn hinter ihnen stehen keine anonymen und geheimnisvollen Finanzinvestoren, sondern Familien. Zudem können diese Unternehmen häufig auf eine längjährige Geschichte und auf eine enge Verwurzelung mit der Region, der sie entstammen, zurückblicken.

Deswegen erscheint es auf den ersten Blick unsinnig, eine Diskussion, die im Zuge der großen Bilanzskandale der Publikumsgesellschaften aufflammte, auf den Bereich der mittelständischen Familienunternehmen übertragen zu wollen. Die Rede ist von der Corporate Governance-Diskussion, die sich mit der Implementierung von Kontrollstrukturen bei großen Publikumsgesellschaften und der Verbesserung der Transparenz unternehmensbezogener Vorgänge befasst. Diese Diskussion erlangte insbesondere zu Anfang des Jahrtausends durch die Insolvenzen der **Philipp Holzmann AG** oder der **Kirch Media AG** sowie der Unternehmen **Enron** und **WorldCom**[1] in den U.S.A. traurige Berühmtheit. Doch auch angesichts der derzeitigen Großinsolvenz der **Arcandor AG** und mancher ihrer Tochtergesellschaften sowie der anhaltenden Krise in der Automobilindustrie erscheint das Thema aktuell wie nie.

Zwar zeichnen sich die großen Publikumsgesellschaften im idealtypischen Fall durch eine Vielzahl „anonymer" und zumeist handlungsunfähiger Anteilseigner aus, denen ein weitgehend autonomes Fremdmanagement gegenüber steht. Das ist bei mittelständischen Familienunternehmen regelmäßig anders. Denn dort fallen Anteilseignerstellung und die Stellung als Geschäftsführer bzw. Vorstand häufig zusammen.

Und selbst dann, wenn das Unternehmen von einem Fremdmanagement geführt wird, können die Anteilseigner mittelständischer Familienunternehmen ihre Eigentümerrechte im Normalfall wirksam ausüben. Denn zum einen halten sie oftmals einen großen Teil der Gesellschaftsanteile dieser Unternehmen und können ihrem Willen in

[1] Zu WorldCom vgl.: „WorldCom accounting chief jailed" in: The Daily Telegraph v. 06.08.05, 28.

den Gesellschafterversammlungen damit Geltung verschaffen. Zum anderen werden mittelständische Familienunternehmen häufig in Rechtsformen geführt, die, wie etwa die GmbH im Gegensatz zur AG, eine engere Bindung des geschäftsführenden Organs an den Willen der Anteilseigner vorsehen.

Doch trotzdem kann sich die Frage lohnen, ob manche Erkenntnisse der Corporate Governance-Diskussion auch für mittelständische Familienunternehmen nutzbar gemacht werden können. Dieser Frage soll im Rahmen des vorliegenden Werkes nachgegangen werden.

1.1 Definition des Begriffs „Familienunternehmen"

Zur weiteren Bearbeitung des Themas ist zunächst zu definieren, was unter dem Begriff des "Familienunternehmens" zu verstehen ist. Eine allgemeine gesetzliche Definition dahingehend, was ein Familienunternehmen ist, existiert nicht. Zwar findet man vereinzelt Legaldefinitionen verwandter Begriffe, wie etwa die Definition der „Familiengesellschaft" in § 76 Abs. 6 S. 2 BetrVG 1952. Danach gelten Aktiengesellschaften als Familiengesellschaften, deren Aktionär eine einzelne natürliche Person ist oder deren Aktionäre untereinander im Sinne von § 15 Abs. 1 Nr. 2 bis 8, Abs. 2 AO verwandt oder verschwägert sind. Nach S. 3 dieser Norm soll das entsprechend für Kommanditgesellschaften auf Aktien gelten. Der Anwendungsbereich solcher Normen geht jedoch nicht über den Anwendungsbereich des jeweiligen Gesetzes hinaus.

Ein Familienunternehmen zeichnet sich dadurch aus, dass daran ausschließlich oder mehrheitlich durch Ehe oder Familie verbundene Personen beteiligt sind, die dadurch einen beherrschenden Einfluss auf das Unternehmen ausüben können.[2] Die Familienmitglieder müssen jederzeit rechtlich und tatsächlich in der Lage sein, grundsätzliche unternehmerische Entscheidungen notfalls gegen den Willen

---

[2] Vgl. *König/ Schirnick* in: *Lange/ Schiereck*, 145; *v. Andreae*, 5; *Iliou*, GmbHR 2009, 81; *Hennerkes/ May*, NJW 1988, 2761.

sonstiger Beteiligter durchzusetzen.[3] Die hinter dem Unternehmen stehende Familie muss sowohl in der Öffentlichkeit als auch von den Mitarbeitern deutlich wahrgenommen werden.[4]

Die Deutsche Börse AG hat den Versuch unternommen, diese Definition in konkrete Zahlen zu fassen. Seit dem 4. Januar 2010 hat sie dazu einen neuen Index eingeführt, der die Entwicklung von börsennotierten Familienunternehmen abbildet. Der DAXplus Family-Index umfasst die deutschen und internationalen Unternehmen aus dem Prime Standard der Frankfurter Wertpapierbörse, bei denen die Gründerfamilie mindestens einen 25-prozentigen Stimmrechtsanteil hat oder in Vorstand oder Aufsichtsrat sitzt und mindestens einen Stimmrechtsanteil von 5 Prozent hält.[5] Die prozentualen Zahlenwerte beziehen sich auf Aktiengesellschaften. Bei mittelständischen Familienunternehmen, die oft in anderen Rechtsformen geführt werden, dürften die Werte tendenziell etwas höher anzusetzen sein.

Vereinzelt wird darüber hinaus die Definition des Begriffs „Familienunternehmen" um eine subjektive Komponente ergänzt: Die Familienmitglieder müssten in eigener Wertung die familiäre Verbundenheit und die von der Familie aufgestellten Prinzipien als tragendes Element ihrer unternehmerischen Tätigkeit betrachten.[6] Dieser Auffassung ist aber nicht beizupflichten. Denn durch die Einbeziehung einer solch schwer fassbaren subjektiven Komponente büßt der Begriff der „Familienunternehmen" jegliche Kontur ein. Eine Abgrenzung dieser Art von Unternehmen von anderen Unternehmen wäre dann kaum möglich.[7]

---

[3] Vgl. *Pyschny*, 17, 20 und 23; *May* in: F.A.Z. v. 20.04.2009, 12.

[4] Vgl. *Lange* FS *Hennerkes*, 135, 137.

[5] Vgl. Mitteilung der Deutsche Börse AG vom 11.11.2009, abrufbar unter: http://deutsche-boerse.com/dbag/dispatch/de/notescontent/gdb_navigation/home/INTEGRATE/mr_pressreleases?notesDoc=61328E14936F9B87C125766B0036AC96&newstitle=deutscheboersestartetindexfuer&location=home (12.11.09); „Index für Familienunternehmen" in: F.A.Z. v. 12.11.2009, 21.

[6] Vgl. *Hennerkes* in: *Hennerkes*, Uhb FamG, 1, 2.

[7] Vgl. *Iliou*, 99 f.

1.2 Definition des Begriffs „Mittelstand“

Gegenstand der vorliegenden Untersuchung sollen mittelständische Familienunternehmen sein. Die weitere notwendige Begriffsdefinition zur Bestimmung der zu untersuchenden Gruppe von Unternehmen ist also die Definition des Begriffs "Mittelstand". Der Begriff des „Mittelstands“ ist eng verwandt mit dem Begriff der „KMU“, der „kleinen und mittleren Unternehmen“. Gleichwohl existiert keine allgemein anerkannte Definition beider Begriffe.[8] Einigkeit besteht wohl nur insoweit, als dass die beiden Begriffe trotz der Ähnlichkeit der von ihnen erfassten Unternehmen nicht völlig deckungsgleich sind. Wohl wissend um deren Unterschiede, werden beide Begriffe im vorliegenden Beitrag dennoch synonym verwandt.

Obwohl umstritten,[9] soll für die Zwecke der vorliegenden Darstellung die Abgrenzung der zum Mittelstand zählenden Unternehmen nach quantitativen Kriterien erfolgen.

Vereinzelt wird eine Zuordnung eines Unternehmens zum Mittelstand allein anhand von dessen Umsatzzahlen vorgenommen.[10] Ein solcher Ansatz erscheint zur Konkretisierung und Bestimmung des Begriffs des Mittelstands jedoch ungeeignet. Denn die Umsatzzahlen können starken Schwankungen von Jahr zu Jahr unterliegen. Außerdem divergieren die Umsatzzahlen je nach Art des Geschäftsbetriebs. So hat beispielsweise ein Unternehmen, das hochwertige Waren bezieht und diese weiter veredelt, aus der Natur seines Geschäftsbetriebs heraus bei gleicher „Größe“ einen tendenziell höheren Umsatz als etwa ein reines Dienstleistungsunternehmen.

Deshalb soll für die Zwecke der vorliegenden Untersuchung auf die Definition des Instituts für Mittelstandsforschung in Bonn zurück gegriffen werden. Danach wird der Begriff des Mittelstands mit Bezug auf die Größe des jeweiligen Unternehmens durch eine Zusammenschau zweier Kriterien bestimmt: Der Beschäftigtenzahl sowie des Jahresumsatzes. Zum Mittelstand zählen danach diejenigen Unternehmen, deren

---

[8] Vgl. *Müller*, DStR 2009, 64.
[9] Für eine Abgrenzung nach qualitativen Kriterien vgl. etwa *Pyschny*, 29 f.
[10] Vgl. *Ehlers/ Jurcher*, 2.

Beschäftigtenzahl unter 500 und deren Jahresumsatz unter EUR 50 Mio. liegt.[11] Der Vorteil des Rückgriffs auf die Definition anhand rein quantitativer Kriterien liegt schlicht in der besseren Mess- und damit besseren Abgrenzbarkeit im Gegensatz zu den oft nur schwer fassbaren qualitativen Kriterien.[12]

---

[11] Vgl. KMU-Definition des IfM Bonn, abrufbar unter: http://www.ifm-bonn.org/index.php?id=89 (19.06.09).

[12] Ebenso *Müller*, DStR 2009, 64; a.A. *Pyschny*, 29 f.

2. Zu untersuchende Fragestellung

2.1 Die Corporate Governance-Diskussion

Der Begriff „Corporate Governance“ fand wohl erstmalig in einer empirischen Untersuchung von Adolf *Berle* und Gardiner *Means* aus dem Jahre 1932 mit dem Titel *„The Modern Corporation and Private Property“* Verwendung, die sie unter dem Eindruck der fatalen Folgen der Weltwirtschaftskrise veröffentlichten. Darin identifizierten sie die Trennung zwischen den Anteilseignern eines Unternehmens und der eigentlichen Unternehmensleitung als das Hauptproblem der modernen Publikumsgesellschaft (*principal agent conflict*).[13]

2.1.1 Begriff der „Corporate Governance“

Eine allgemeinverbindliche Definition oder Übersetzung des Ausdrucks „Corporate Governance“ existiert nicht.[14] Es ist vielmehr der Überbegriff einer wissenschaftlichen Diskussion, die sowohl auf betriebswirtschaftlicher als auch auf juristischer Ebene geführt wird. Wörtlich könnte der Begriff wohl übersetzt werden als „Herrschaft über das Unternehmen“ oder auch schlicht „Unternehmensherrschaft“. Corporate Governance betrifft die Unternehmensführung und Unternehmensleitung einer Gesellschaft, vorzugsweise einer börsennotierten Aktiengesellschaft.[15] Zentrales Thema ist die Strukturierung der Unternehmensleitung und deren Kontrolle.[16] Häufig geht es darum, Verhaltensmaßstäbe für die Unternehmensleitung zu definieren und deren Überwachung sicher zu stellen.[17]

Dabei kann die interne von der externen Governance-Perspektive unterschieden werden. Die interne Governance-Perspektive beschäftigt sich mit den Rollen, Kom-

---

[13] Vgl. *Berle/ Means*, 4 ff.
[14] Vgl. *Iliou*, 4.
[15] Vgl. Ziffer 2.5 *Cadbury*-Bericht von 1992 unter http://www.ecgi.org/codes/code.php?code_id=132 (12.10.09); *Lange* FS *Hennerkes*, 135.
[16] Vgl. *Hövermann/ Klein*, RIW 2006, 277.
[17] Vgl. *Lange* FS *Hennerkes*, 135.

petenzen und Funktionsweisen der Unternehmensorgane, insbesondere Vorstand und Aufsichtsrat, sowie deren Zusammenwirken. Demgegenüber hat die externe Governance-Perspektive das Verhältnis der Unternehmensführung zu den wesentlichen Bezugsgruppen (*stakeholder*) des Unternehmens im Blick.[18] Innerhalb der Stakeholder kommt der Gruppe der Anteilseigner wiederum eine besondere Bedeutung für Fragen der Corporate Governance zu.

2.1.2 Prinzipal-Agent-Konflikt

Die Corporate Governance-Diskussion hat also ihren Ursprung im Bereich des Rechts der Publikums-Kapitalgesellschaften. Denn dort ergibt sich typischerweise der Konflikt zwischen den Zielsetzungen des Prinzipals und denjenigen des Agenten. Die Publikums-Kapitalgesellschaften werden nämlich regelmäßig durch ein Fremdmanagement geleitet. Demgegenüber stehen sie im idealtypischen Fall im Eigentum einer Vielzahl verschiedener Anteilseigner - bei der Rechtsform der Aktiengesellschaft sind das die Aktionäre.[19] Die Ziele, die das Fremdmanagement verfolgt, stimmen nach der Theorie des Prinzipal-Agent-Konflikts nicht vollumfänglich mit den Zielen der Anteilseigner überein.[20] So wird das Fremdmanagement als Agent ein vorrangiges Interesse an einer möglichst hohen Vergütung sowie am langfristigen Bestand seines Anstellungsverhältnisses haben. Das wird am ehesten zu erreichen sein, wenn die Gewinne des Unternehmens in möglichst großem Umfang im Unternehmen verbleiben und dort wieder investiert werden. Im Gegensatz dazu zielt das Interesse der Anteilseigner als Prinzipal auf eine möglichst große Ausschüttung der Unternehmensgewinne sowie auf eine Wertsteigerung ihrer Gesellschaftsanteile. Diese Diskrepanz in den Zielsetzungen beider Gruppen wird als Prinzipal-Agent-Konflikt bezeichnet.[21]

Die Theorie des Prinzipal-Agent-Konflikts geht nun davon aus, der Agent werde vorrangig danach trachten, seine eigenen Ziele in möglichst großem Umfang zu verwirk-

[18] Vgl. v. *Werder* in: *Ringleb/ Kremer/ Lutter/ v. Werder*, Rn. 1.
[19] Vgl. *Theisen*, Der Aufsichtsrat 2009, 17.
[20] Vgl. v. *Andreae*, 10.
[21] Vgl. *Lange* FS *Hennerkes*, 135, 136.

lichen (*moral hazard*).[22] Zudem kann das Fremdmanagement geneigt sein, unverantwortliche geschäftliche Risiken im Hinblick auf das von ihm geleitete Unternehmen in der sicheren Gewissheit einzugehen, dass die Folgen eines geschäftlichen Fehlschlags ohnehin die Anteilseigner treffen werden.[23] Die letztgenannte Mutmaßung entspricht im Prinzip der allgemeinen Lebenserfahrung der nur allzu menschlichen Tendenz zum „sorgloseren Umgang mit dem Eigentum anderer".

Die Verfolgung eigennütziger Ziele wird dem Fremdmanagement in der Theorie umso mehr gelingen, je größer der Kreis der Anteilseigner und je kleiner die von ihnen jeweils gehaltene Beteiligung ist. Denn je größer der Anteilseignerkreis ist, desto schwieriger wird die Sicherstellung einer einheitlichen Kontrolle. Je kleiner der vom jeweiligen Anteilseigner gehaltene Kapitalanteil ist, desto weniger wird er bereit sein, große Anstrengungen zu unternehmen, um sich über Lage und Entwicklung der Gesellschaft zu informieren. Denn für eine Kapitalanlage in verhältnismäßig geringer Höhe „lohnt" sich der Aufwand zeit- und arbeitsintensiver Kontrolle des Vorstands für den Kleinaktionär kaum. Damit wächst tendenziell der Informationsvorsprung, den das operative Management gegenüber den passiven Anteileignern ohnehin hat, nochmals an.

Corporate Governance soll dazu beitragen, diesen Konflikt zu minimieren und sicher zu stellen, dass das Management im Rahmen seiner Entscheidungsbefugnisse im Sinne der Anteilseigner und nicht in seinem eigenen Interesse handelt.[24] Denn durch Corporate Governance sollen Strukturen geschaffen werden, welche den Anteilseignern eine verbesserte Kontrolle des Fremdmanagements ermöglichen.[25] Diese verbesserte Kontrolle des Fremdmanagements soll den Anteilseignern - also den Kapitalgebern - eine größere Sicherheit in Bezug auf ihre Kapitaleinlage in der Gesellschaft vermitteln.[26] Die gewonnene Sicherheit soll nun wiederum zu einem größeren Vertrauen der Gesellschafter in die Werthaltigkeit und Wertentwicklung ihrer Anlage führen. Im idealtypischen Fall tendieren die Gesellschafter deswegen

---

[22] Vgl. *Wiedemann* in: Großkomm AktG, Vor § 182 Rn. 48 f.; *Lange*, BB 2005, 2585.
[23] Vgl. S. 2 des Report of working group chaired by Daniel *Bouton* vom 23.09.2002, erhältlich unter: http://archive.medef.com/medias/upload/367_FICHIER.pdf (27.11.09).
[24] Vgl. *Küting/ Busch*, DB 2009, 1361, 1363.
[25] Vgl. *Kort*, AG 2008, 137.
[26] Vgl. *Wiedemann* in: Großkomm AktG, Vor § 182 Rn. 49.

dazu, ihre Gesellschaftsanteile an einer Gesellschaft mit funktionierenden Corporate Governance-Strukturen länger zu halten.

Doch der Implementierung von Corporate Governance-Strukturen kommt auch eine externe Wirkung zu. Denn dadurch soll auch das Vertrauen externer Anleger in das Unternehmen gestärkt und diese zum Kauf der entsprechenden Gesellschaftsanteile animiert werden. Beide Faktoren - das Vertrauen interner wie externer Kapitalgeber - sollen dann schließlich zu einem Kursanstieg der Gesellschaftsanteile, mithin zu einer Steigerung des Unternehmenswerts, führen.[27]

2.2 Die Struktur mittelständischer Familienunternehmen

Mittelständische Familienunternehmen haben typischerweise eine andere Struktur und eine andere Zielrichtung als die großen Publikumsgesellschaften. Denn Familienunternehmen tendieren regelmäßig dazu, die Geschäftsführung Familienmitgliedern und somit Gesellschaftern zu übertragen.[28] Da das Management in einem solchen Fall zugleich eine Anteilseignerstellung inne hat, liegt kein Principal-Agent-Konflikt vor. In einem solchen Fall steht vielmehr zu erwarten, dass das Unternehmen im Interesse der Eigentümer geführt wird.[29]

Außerdem agieren mittelständische Familienunternehmen kaum kapitalmarktorientiert, da deren Gesellschaftsanteile oder zumindest ein großer Teil davon ohnehin nicht frei gehandelt werden. Die Gesellschaftsanteile werden vielmehr dauerhaft von der Familie gehalten. Das steht im Gegensatz zum häufig wechselnden Inhaberkreis der Publikumsgesellschaften.[30] Damit rückt das Ziel der kurzfristigen Steigerung des Unternehmenswertes bei Familienunternehmen in den Hintergrund. Es wird überlagert vom Wunsch vieler Familienunternehmer, das ererbte Unternehmen langfristig im Eigentum der Familie zu halten und dessen Wert ebenso langfristig zu erhöhen.[31]

---

[27] Vgl. *Küting/ Busch*, DB 2009, 1361, 1363.
[28] Vgl. *Hennerkes/ Kirchdörfer* in: *Hennerkes*, Uhb FamG, 61, 65 f.
[29] Vgl. v. *Andreae*, 9.
[30] Vgl. Governance Kodex für Familienunternehmen, Präambel, Abs. 1, siehe Fn. 228.
[31] Vgl. *Lange* FS *Hennerkes*, 135, 138.

Insofern stellt sich die Frage, ob die Erkenntnisse der Corporate Governance-Diskussion für diese Unternehmensform überhaupt einen Nutzen bringen können.

2.3 Familienunternehmen mit einem großen Kreis von Gesellschaftern

An dieser Stelle kann bereits gesagt werden: Familienunternehmen nähern sich den Publikums-Kapitalgesellschaften strukturell an, wenn sie über mehrere Generationen hinweg bestehen und sich dadurch der Kreis der Gesellschafter vergrößert. Denn irgendwann wird es dann unmöglich, sämtliche Familienmitglieder aktiv in die Geschäftsführung einzubinden. Dennoch bestimmen die aktiv in die Geschäftsführung eingebundenen Gesellschafter naturgemäß maßgeblich den Kurs des Unternehmens und genießen besondere Privilegien. Die nicht in der Geschäftsführung aktiven Familienmitglieder sind letztlich reine Kapitalgeber, freilich regelmäßig mit einer emotional engeren Bindung an das Unternehmen als das bei den Aktionären von am Kapitalmarkt notierten Aktiengesellschaften der Fall ist. Trotzdem wird sich ihre Aufmerksamkeit in erster Linie auf die Ausschüttungspolitik des Unternehmens richten.

So stellt die hinter dem **Röchling-Konzern** stehende Familie derzeit rund 200 Gesellschafter. Das Unternehmen selbst wurde im Jahre 1822 gegründet und wird nun von einem Fremdmanagement in Zusammenarbeit mit einem Familienrat geleitet. Auch hier stellen sich bereits die für Publikumsgesellschaften typischen Probleme der Sicherstellung zureichender Informationsversorgung sämtlicher Gesellschafter, um die Entscheidungsfindung in Grundsatzfragen zu ermöglichen.[32]
Ein weiteres Beispiel liefert die **Franz Haniel & Cie. GmbH**. Die mittlerweile mehr als fünfhundert Gesellschafter dieses Unternehmens dürfen überhaupt keine Tätigkeit für den Konzern ausüben, sondern bekommen - ähnlich einem Aktionär - jährliche Ausschüttungen auf ihren Geschäftsanteil.[33]

Die emotionalen Implikationen steigern sich häufig dann, wenn sich dieser größere Kreis der Gesellschafter zudem noch in verschiedene Familienstämme unterteilt. Bei

[32] Instruktiv dazu *Stieber* in: enable 04/2009, 6 ff.

den nicht in der Geschäftsführung repräsentierten Familienstämmen wird sich häufig eine Unsicherheit einstellen, ob auch ihre Interessen durch die Geschäftsführung zureichend wahrgenommen und verfolgt werden.[34] Zumal die dominante Position der geschäftsführenden Gesellschafter innerhalb des Unternehmens das Risiko in sich birgt, diese Position zum eigenen Vorteil auszunutzen. Hier kann Corporate Governance zu einer Stärkung des gegenseitigen Vertrauens und damit zum Abbau der innerfamiliären Spannungen beitragen. Im Grunde übernehmen Corporate Governance-Strukturen bei dieser Art von Familienunternehmen also ähnliche Funktionen wie bei kapitalmarktorientierten Publikumsgesellschaften.

Ähnlich verhält es sich, wenn das Unternehmen von einem Fremdmanagement geleitet wird, da in einem solchen Fall der Prinzipal-Agent-Konflikt „wieder auflebt". So wird beispielsweise die in London ansässige **Rothschild Bank** seit kurzem erstmals in ihrer 212-jährigen Geschichte von einem Nicht-Familienmitglied, nämlich Nigel *Higgins*, als Chief Executive geleitet. Der 67 Jahre alte David *de Rothschild* wird nun Verwaltungsratsvorsitzender (Executive Chairman) des Hauses. Higgins kann allerdings auf eine 27-jährige Karriere in diesem Unternehmen zurückblicken, in dem er als Trainee begann. Die Rothschild Bank geht ihrerseits auf den deutschen Kaufmann und Auswanderer Nathan *Mayer Rothschild* zurück.[35]

Allerdings sind insbesondere bei mittelständischen Familienunternehmen grundlegende Unterschiede zu beachten: Während die großen Publikumsgesellschaften vorwiegend in der Rechtsform der Aktiengesellschaft geführt werden, bevorzugen mittelständische Familienunternehmen eher Rechtsformen wie die GmbH oder die GmbH & Co. KG.[36] Der Vorstand einer AG hat die Gesellschaft jedoch eigenverantwortlich zu leiten (§ 76 Abs. 1 AktG) und unterliegt insoweit nur sehr eingeschränkt den Weisungen der Gesellschafter. Demgegenüber können etwa die Gesellschafter einer GmbH dem Geschäftsführer sehr weitreichende Weisungen erteilen. Es ergibt sich bei mittelständischen Familienunternehmen folglich häufig eine

---

[33] Vgl. *Pyschny*, 21 f.; *Jensen/ Werres* in: mm 04/2009, 16; *Schröder* in: StZ v. 19.12.2009, 15.
[34] Vgl. *Lange* FS *Hennerkes*, 135, 139.
[35] Zum Ganzen *Oldag* in: SZ v. 11.02.2010, 24.
[36] Zur Rechtsform der Familienunternehmen *Kirchdörfer/ Lorz*, DB Beil. 3/2004, 1, 5 ff.; *Wälzholz* in: Sudhoff, FamU, § 2.

Verschiebung der Einflussmöglichkeiten auf die Geschicke der Gesellschaft zugunsten des Familiengesellschafters.

Außerdem sind die Gesellschafter mittelständischer Familienunternehmen - auch wenn diese Unternehmen von einem Fremdmanagement geleitet werden - regelmäßig mit deutlich signifikanteren Kapitalanteilen am Gesellschaftsvermögen beteiligt, als das etwa bei den Kleinaktionären der Fall ist. Deswegen „lohnt" sich hier ein größerer Aufwand zur Kontrolle des Fremdmanagements auch unter rein ökonomischen Gesichtspunkten. Das führt auch in praktischer Hinsicht zu einer Verdichtung der Kontrolle der Geschäftsführung.

2.4 Abgrenzung der Thematik

Obwohl die Reform der Abschlussprüfung ebenfalls andauernde Thematik im Rahmen der Corporate Governance-Diskussion ist, soll diese nicht Gegenstand der vorliegenden Darstellung sein. Eine eingehende Auseinandersetzung mit den damit zusammenhängenden Fragen würde nämlich den Umfang dieses Werkes sprengen. Da der Gegenstand der Untersuchung die Corporate Governance ist, soll - wiewohl eng verwandt - ferner die Family Governance außer Acht gelassen werden. Ebenso werden keine Aspekte der Corporate Governance-Diskussion untersucht, die in Zusammenhang mit der Arbeitnehmermitbestimmung in den Aufsichtsräten stehen. Schließlich bleiben rein kapitalmarktrechtliche Aspekte dieser Diskussion - einschließlich der Rolle der Rating-Agenturen - ausgeklammert.

3. Die Corporate Governance-Diskussion

Die Corporate Governance-Diskussion hat zu einer Vielzahl von Empfehlungen geführt, wie der Prinzipal-Agent-Konflikt bei den Publikums-Kapitalgesellschaften verringert werden kann. Die Diskussion arbeitet so eine Vielzahl von „Stellschrauben" im Rahmen des Gesellschaftsrechts heraus, deren Betätigung eine solche Verringerung bewirken soll. Diese „Stellschrauben" werden nachfolgend im Einzelnen dargestellt.

3.1 Ausgestaltung des Kontrollorgans

Bei der Rechtsform der Aktiengesellschaft nach deutschem Recht ist zum Schutz der Aktionäre ein eigenes Organ zur Kontrolle des geschäftsführenden Organs vorgesehen - nämlich der Aufsichtsrat. Daher liegt es nahe, zum Schutz der Anteilseigner über eine Erweiterung der Rechte und Pflichten dieses Kontrollorgans sowie über eine Stärkung seiner Unabhängigkeit gegenüber dem geschäftsführenden Organ nachzudenken.

3.1.1 Stärkung der Unabhängigkeit des Kontrollorgans vom Geschäftsführungsorgan

Um eine wirksame Kontrolle zu gewährleisten, ist eine größtmögliche Unabhängigkeit des Kontrollorgans vom geschäftsführenden Organ notwendig. Denn nur ein wirklich unabhängiges Kontrollorgan kann den Anteilseignern der Publikumsgesellschaft dabei helfen, den Informations- und häufig auch Wissensvorsprung des Vorstands zu verkürzen.

Bemängelt wird in diesem Zusammenhang die gängige Praxis des Wechsels der Mitglieder des geschäftsführenden Organs in das Kontrollorgan nach dem Ablauf ihrer Amtszeit in der Geschäftsführung.[37] Zwar ist dieser Praxis zuzugeben, dass so wertvolles Wissen des Vorstands um das Unternehmen für das Unternehmen kon-

[37] Vgl. *Hennerkes*, Die Familie und ihr Unternehmen, 259; *Student* in: mm 04/2009, 40, 42.

serviert werden kann und nicht verloren geht. Allerdings führt die Praxis in der Konsequenz auch dazu, dass die Mitglieder des Kontrollorgans quasi die Auswirkungen ihrer eigenen Geschäftsführung zu überwachen haben.

Um das zu verhindern, wurde gesetzlich nun eine Karenzzeit von zwei Jahren für den Wechsel vom Vorstand in den Aufsichtsrat einer Aktiengesellschaft festgeschrieben.[38] Darauf hatte sich eine Arbeitsgruppe der damals regierenden großen Koalition geeinigt, welche Kernpunkte des „Gesetzes über die Angemessenheit der Vorstandsvergütung“ (VorstAG) erarbeitet hat. Das VorstAG wurde am 18. Juni 2009 vom Deutschen Bundestag verabschiedet[39], es wurde am 31. Juli 2009 unterzeichnet und ist am 5. August 2009 in Kraft getreten. Von dieser Regelung werden Familienunternehmen allerdings insofern ausgenommen, als die Karenzzeit dann nicht gilt, wenn die Wahl des Aufsichtsratsmitglieds auf Vorschlag von Aktionären erfolgt ist, die mehr als 25 Prozent der Stimmrechte an der Gesellschaft halten.

In die gleiche Richtung zielt Ziffer 5.4.2 S. 3 des Deutschen Corporate Governance Kodex (DCGK),[40] wonach dem Aufsichtsrat nicht mehr als zwei ehemalige Mitglieder des Vorstands angehören sollen. Mit all diesen Regelungen soll eine „Dominanz“ des Aufsichtsrats durch ehemalige Vorstandsmitglieder verhindert werden. Insbesondere gegen die Festlegung der zweijährigen Karenzzeit richtete sich allerdings auf der anderen Seite auch ein offener Brief der Aufsichtsratsvorsitzenden von 15 großen deutschen Unternehmen an Bundeskanzlerin Merkel.[41]

Der Widerstand gegen die Einführung der Karenzzeit ist nicht recht verständlich. Denn eine tatsächliche Unabhängigkeit des Kontrollorgans vom geschäftsführenden Organ wird nur auf der Basis einer personellen Unabhängigkeit zu erreichen sein. Die gelebte Praxis des Wechsels vom Vorstand in den Aufsichtsrat führt jedoch

---

[38] Vgl. *Maron* in: StZ v. 24.04.2009, 12.

[39] Siehe die Pressemitteilung des Bundesministeriums der Justiz vom 18.06.2009; erhältlich unter: http://www.bmj.de/enid/239cc029fb692c8573522e4e9c235086,839417706d635f6964092d09363033 30093a0979656172092d0932303039093a096d6f6e7468092d093036093a095f7472636964092d093 6303330/Pressestelle/Pressemitteilungen_58.html (17.07.2009). Zum VorstAG auch: *Palan/ Werres* in: mm 12/2009, 56 ff.

[40] Zum Deutschen Corporate Governance Kodex siehe unten unter Ziffer 3.3.2.

[41] Vgl. StN v. 23.05.2009, 14.

dazu, dass der scheidende Vorstand häufig seinen eigenen Nachfolger inthronisiert. Diesen von ihm selbst gewählten Nachfolger hat er dann als Mitglied des Aufsichtsrats zu kontrollieren. Es ist augenscheinlich, dass auf der Grundlage einer solch engen personellen Verflechtung eine tatsächliche Unabhängigkeit des Kontrollorgans nicht zu erreichen sein wird.[42]

Um die Unabhängigkeit der Kontrolle sicher zu stellen, wurde etwa im französischen Recht der sog. unabhängige Verwalter eingeführt (*administrateur indépendant*). Der unabhängige Verwalter gehört dem Verwaltungsrat der monistischen Kapitalgesellschaft im französischen Recht an. Darunter versteht man eine Person, die keinen direkten Bezug zu der Gesellschaft oder dem Konzern hat, zu dem die Gesellschaft gehört, und die ihr Mandat insofern mit der notwendigen Objektivität wahrnehmen kann.[43] Nach einer Empfehlung der von Daniel *Bouton* geleiteten Corporate Governance Kommission soll die Hälfte der Verwaltungsratsmitglieder aus solchen unabhängigen Verwaltern bestehen.[44] Zudem schlägt die Kommission eine Erweiterung der Kriterien vor, die zum Verlust der Unabhängigkeit des Verwaltungsratsmitglieds führen. Ein Mitglied des Verwaltungsrats soll nämlich auch dann nicht mehr als unabhängig einzustufen sein, wenn es dem Verwaltungsrat der Gesellschaft für einen längeren Zeitraum als zwölf Jahre angehört hat, unabhängig von dessen aktuellen Verbindungen zur Gesellschaft.[45]

Dem ähnelt Ziffer 5.4.2 Sätze 1 und 2 DCGK. Danach sollen dem Aufsichtsrat eine nach seiner Einschätzung ausreichende Anzahl unabhängiger Mitglieder angehören, um eine unabhängige Beratung und Überwachung des Vorstands zu ermöglichen. Ein Aufsichtsratsmitglied ist als unabhängig anzusehen, wenn es in keiner geschäftlichen oder persönlichen Beziehung zu der Gesellschaft oder deren Vorstand steht, die einen Interessenkonflikt begründet.

[42] Ebenso *Student* in: mm 04/2009, 40, 42.
[43] Vgl. *Hövermann/ Klein*, RIW 2006, 277, 278.
[44] Vgl. S. 9 des Report of working group chaired by Daniel *Bouton* vom 23.09.2002 (Fn. 23).
[45] Vgl. S. 10 des Report of working group chaired by Daniel *Bouton* vom 23.09.2002 (Fn. 23).

3.1.2 Beschränkung der Höchstzahl der Mandate in Kontrollorganen

Ferner ist es für die wirksame Ausübung der Kontrolltätigkeit des Organs von entscheidender Bedeutung, dass sich jedes einzelne Mitglied des Organs dieser Aufgabe auch tatsächlich widmen kann. Gerade die Spitzenkräfte der Wirtschaft sind beruflich häufig einer enormen zeitlichen Belastung ausgesetzt. Und naturgemäß reduziert sich mit jedem weiteren Mandat, das ein Aufsichtsratsmitglied inne hat, dessen Möglichkeit, sich jedem Mandat in dem gebotenen Zeitumfang zu widmen.

Aus diesem Grund wird unter Corporate Governance die Beschränkung der Höchstzahl von wahrzunehmenden Aufsichtsrats- oder Beiratsmandaten durch einzelne Mitglieder diskutiert. Bei Mitgliedern des Aufsichtsrats einer Aktiengesellschaft nach deutschem Recht wird daher immer wieder diskutiert, die Höchstzahl der anzunehmenden Aufsichtsratsposten von gegenwärtig zehn (§ 100 Abs. 2 S. 1 Nr. 1 AktG) auf fünf zu beschränken. Eine dementsprechende Änderung des AktG wurde im Rahmen des VorstAG aber nicht beschlossen. Dennoch erscheint ein solches Ziel erstrebenswert, um einer Ämterhäufung zu begegnen und die Mitglieder in die Lage zu versetzen, ihren Kontrollpflichten ordnungsgemäß nachzukommen. Die Erfahrung zeigt, dass die handelnden Personen zu einer realistischen Selbsteinschätzung ihrer Kapazitäten nämlich nicht immer in der Lage sind.

3.1.3 Reform der inneren Struktur des Kontrollorgans

Eine Stärkung des Kontrollorgans und eine verbesserte Effizienz seiner Tätigkeit wird ferner durch eine möglichst optimale Gestaltung seiner inneren Struktur erreicht. Im Zuge der Corporate Governance-Debatte haben sich deshalb eine Vielzahl verschiedener Entwicklungen ergeben, durch welche die innere Struktur des Aufsichtsrats der Aktiengesellschaft reformiert wurde.

So wurde insbesondere eine größere Flexibilität in Bezug auf die Größe des Aufsichtsrats angemahnt.[46] Denn häufig sind die Aufsichtsräte schlicht so groß, dass eine effiziente Strukturierung und Durchführung der Arbeit hierdurch erschwert wird. Deshalb soll bei großen Aufsichtsräten verstärkt eine Verlagerung der Tätigkeiten in die dafür bestimmten Ausschüsse erfolgen. Nach Ziffer 5.3.2 DCGK etwa soll der Aufsichtsrat einen Prüfungsausschuss einrichten. Obwohl dieser Ausschuss im Text des Kodex selbst - der Verwendung des Begriffs in der Literatur folgend - als *audit committee* bezeichnet wird, darf er dennoch nicht mit dem *audit committee* in Ländern angloamerikanischer Prägung gleich gesetzt werden. Denn in den angloamerikanischen Ländern mit ihrem eingliedrigen board-System ist das *audit committee* ein ständiger Ausschuss des *board of directors*. Dessen Aufgaben sind daher systembedingt weiter gefasst als diejenigen eines Prüfungsausschusses nach deutschem Recht.[47]

Ab 1. Januar 2010 sind kapitalmarktorientierte Gesellschaften i.S.d. § 264d HGB n.F. grundsätzlich verpflichtet, einen Prüfungsausschuss einzurichten (§ 324 Abs. 1 HGB n.F.). Die Vorschrift wurde neu durch das Bilanzrechtsmodernisierungsgesetz (BilMoG)[48] in das Gesetz eingefügt. Allerdings können die einem Prüfungsausschuss zugewiesenen Aufgaben auch vom Aufsichts- oder Verwaltungsrat übernommen werden, wenn dieser die für Prüfungsausschüsse geltenden Anforderungen erfüllt. Hat die Gesellschaft einen Prüfungsausschuss eingerichtet, muss mindestens ein Ausschussmitglied über Sachverstand auf den Gebieten Rechnungslegung oder Abschlussprüfung verfügen (§ 107 Abs. 4 AktG n.F.). Dem entspricht die Regelung in § 100 Abs. 5 AktG n.F., wonach im Aufsichtsrat kapitalmarktorientierter Gesellschaften mindestens ein unabhängiges Mitglied über Sachverstand auf den genannten Gebieten verfügen muss. Damit werden kapitalmarktorientierte Gesellschaften vor die Herausforderung gestellt, die konkrete Zusammensetzung ihres Aufsichtsrats zu überprüfen und bei der Besetzung künftig besonderes Augenmerk auf die Qualifikation von Aufsichtsratsmitgliedern in den Bereichen Abschlussprüfung und Rechnungslegung zu richten.

---

[46] Vgl. *Kort*, AG 2008, 137, 140.
[47] Vgl. *Kort*, AG 2008, 137, 145.
[48] Gesetz zur Modernisierung des Bilanzrechts (Bilanzrechtsmodernisierungsgesetz - BilMoG) vom 25. Mai 2009 (BGBl. I 2009, 1102). Das Gesetz ist am 29. Mai 2009 in Kraft getreten.

Als weiterer einzurichtender Ausschuss kommt neben dem Prüfungsausschuss beispielsweise der Nominierungsausschuss in Betracht, der für die Auswahl der künftigen Aufsichtsratsmitglieder verantwortlich zeichnet.

Bei jeder Verlagerung der Tätigkeit in Ausschüsse ist aber immer darauf zu achten, dass die für das Unternehmen besonders bedeutsamen Entscheidungen dennoch durch das Plenum beraten und entschieden werden. Durch das VorstAG etwa soll die Verantwortung des Gesamtaufsichtsrats für die Entscheidung über die Vorstandsbezüge gestärkt werden. Aus diesem Grund wurde die in § 107 Abs. 3 AktG enthaltene, enumerative Aufzählung der zwingend dem Aufsichtsratsplenum vorbehaltenen Geschäfte um die Entscheidung über Struktur und Höhe der Vorstandsbezüge erweitert.

3.1.4 Erweiterung der Aufgaben des Kontrollorgans

Ein weiterer Hebel zur Verbesserung der Corporate Governance-Strukturen wird in der Erweiterung der Aufgaben des Kontrollorgans gesehen. Gemäß § 111 Abs. 1 AktG ist die grundlegende Aufgabe des Aufsichtsrats die Überwachung der Geschäftsführung. Diese Kontrolle beziehe sich - so der BGH[49] - nicht nur auf abgeschlossene Sachverhalte, sondern erstrecke sich auch auf grundsätzliche Fragen der künftigen Geschäftspolitik; sie sei nicht nur auf eine Rechtmäßigkeitsprüfung beschränkt, sondern müsse die Zweckmäßigkeit und Wirtschaftlichkeit der Geschäftsführung einbeziehen. Eine solche Art der Kontrolle könne wirksam nur durch laufende Beratung des Vorstands ausgeübt werden. Durch das Gesetz zur Kontrolle und Transparenz im Unternehmensbereich (KonTraG) vom 27. April 1998[50] wurde die Unternehmensplanung dann zur gemeinsamen Aufgabe von Vorstand und Aufsichtsrat erhoben.[51] Deswegen wurde der Vorstand gemäß § 90 Abs. 1 S. 1 Nr. 1 AktG zur Erteilung regelmäßiger Berichte an den Aufsichtsrat darüber verpflichtet, ob und inwieweit die Planziele erreicht wurden.

---

[49] Vgl. Urt. v. 25.03.1991 – II ZR 188/89, BGHZ 114, 127, 129 f. = DB 1991, 1212, 1213 = ZIP 1991, 653, 654.
[50] BGBl. I 1998, 786; das Gesetz ist am 1. Mai 1998 in Kraft getreten.
[51] Vgl. *Lutter*, DB 2009, 775.

Durch das KonTraG wurde die Norm des § 91 Abs. 2 AktG neu in das Gesetz aufgenommen. Danach hat der Vorstand ein Überwachungssystem einzurichten, damit unternehmensgefährdende Entwicklungen frühzeitig erkannt werden.[52] Der Aufsichtsrat hat nicht nur die bloße Einrichtung dieses Überwachungssystems zu kontrollieren, sondern auch zu hinterfragen, ob ihm dessen Funktionstüchtigkeit plausibel erscheint.[53]

Bereits in seiner ARAG/Garmenbeck-Entscheidung[54] hat der BGH ausgeführt, der Aufsichtsrat sei nach §§ 111 Abs. 1, 112 AktG grundsätzlich gehalten, Schadensersatzansprüche der Gesellschaft gegen Vorstandsmitglieder geltend zu machen. In einer neueren Entscheidung führte der BGH nun ergänzend aus, diese Pflicht zur Beitreibung gelte auch für Ansprüche aus ungerechtfertigter Bereicherung nach § 812 BGB.[55]

Früher **konnte** der Aufsichtsrat Geschäfte des Vorstands der Zustimmung des Aufsichtsrats unterstellen. Aufgrund des durch das Transparenz- und Publizitätsgesetz (TransPuG)[56] geänderten § 111 Abs. 4 S. 2 AktG **muss** der Aufsichtsrat nun zustimmungsbedürftige Geschäfte festlegen, um auf diese Weise eine begleitende Kontrolle über die wesentlichen unternehmerischen Entscheidungen des Vorstands sicherzustellen. Diese Festlegung zustimmungsbedürftiger Geschäfte kann nicht an einen Ausschuss des Aufsichtsrats delegiert, sondern muss vom Plenum wahrgenommen werden, § 107 Abs. 3 S. 2 AktG.

In ähnlicher Weise sieht der Public Corporate Governance Kodex des Bundes[57] in dessen Ziffer 3.1.2 vor, die Satzung habe für Geschäfte von grundlegender Bedeutung Zustimmungsvorbehalte zugunsten des Überwachungsorgans festzulegen. Hierzu gehören Entscheidungen oder Maßnahmen, die zu einer erheblichen Veränderung der Geschäftstätigkeit im Rahmen des Gesellschaftsvertrags oder zu einer

[52] Zu dieser Pflicht des Vorstands siehe unten unter Ziffer 3.4.1.

[53] Vgl. *Lutter*, DB 2009, 775.

[54] Vgl. Urt. v. 21.04.1997 – II ZR 175/95, BGHZ 135, 244, 252 = DB 1997, 1068, 1069 f.; dazu kritisch *Hopt/ Roth* in: Großkomm AktG, § 111 Rn. 352 ff.; *Paefgen*, AG 2008, 761, 769.

[55] Vgl. BGH, Urt. v. 16.03.2009 – II ZR 280/07, GmbHR 2009, 654, 656.

[56] Gesetz zur weiteren Reform des Aktien- und Bilanzrechts, zu Transparenz und Publizität vom 19. Juli 2002, BGBl. I 2002, 2681; das Gesetz ist im Wesentlichen am 26. Juli 2002 in Kraft getreten.

grundlegenden Veränderung der Vermögens-, Finanz- oder Ertragslage oder der Risikostruktur des Unternehmens führen können.

3.2 Vergütung des geschäftsführenden Organs

Ursache des Prinzipal-Agent-Konflikts ist die Tätigkeit des Fremdmanagers für das ihm nicht gehörende Unternehmen: Hat der Fremdmanager Erfolg, so profitiert davon das Unternehmen und damit die hinter diesem stehenden Anteilseigner. Der Fremdmanager hingegen profitiert nicht unmittelbar von einem steigenden Unternehmensgewinn. Aus diesem Grund wird im Rahmen der Corporate Governance-Diskussion über eine verstärkte Beteiligung des Fremdmanagers am Erfolg des Unternehmens durch Vereinbarung einer variablen Vergütung nachgedacht. Damit sollen die Interessen des Fremdmanagements mit den Interessen der Anteilseigner in Einklang gebracht werden.[58] Variable Vergütungsbestandteile sind äußerst vielgestaltig und reichen von Zahlungen für den erfolgreichen Abschluss von Sonderprojekten über Provisionen bis hin zu den Boni, die am Jahresende bei Erreichen bestimmter Parameter gezahlt werden.

Allerdings führten die variablen Vergütungsbestandteile in der Vergangenheit häufig zu einem kurzfristig orientierten Denken und Handeln des Managements, um die Parameter, die für die Bestimmung der variablen Vergütung maßgeblich waren, möglichst optimal zu bedienen.[59] So wurden häufig jährliche Rendite- oder Gewinngrößen wie der Gewinn vor Zinsen und Steuern (EBIT) oder das Konzernergebnis als Bezugsgröße der variablen Vergütung herangezogen. Diese jährlichen Gewinngrößen können jedoch zulasten zukünftiger Gewinne beeinflusst werden. So ist es gut denkbar, die jährlichen Gewinne beispielsweise durch Senkung der Ausgaben für Forschung und Entwicklung deutlich zu erhöhen. Langfristig kann sich eine solche Aus-

---

[57] Siehe hierzu unten unter Ziffer 3.3.2.

[58] Vgl. Statement of the European Corporate Governance Forum on Director Remuneration vom 23.03.2009, Ziffer 3, erhältlich unter: http://ec.europa.eu/internal_market/company/docs/ecgforum/ecgf-remuneration_en.pdf (02.06.09).

[59] Vgl. Pressemitteilung des Bundesministeriums der Justiz vom 18.06.2009 (Fn. 39); Statement of the European Corporate Governance Forum on Director Remuneration vom 23.03.2009 (Fn. 58), Ziffer 7; *Friedl/ Döscher*, Der Aufsichtsrat 2009, 36.

gabenreduzierung aber zum Nachteil des Unternehmens auswirken, da das betreffende Unternehmen im Hinblick auf Innovation und Technikvorsprung seiner Produkte ins Hintertreffen gerät.[60] Ebenso kann die Ausrichtung der variablen Vergütung des Vorstands an kurzfristigen Parametern diesen zur Eingehung unverantwortlicher Risiken verleiten.[61]

Deswegen wird zunehmend versucht, Anreize für eine möglichst langfristige und nachhaltige Geschäftsführung zu setzen.[62] § 87 Abs. 1 S. 2 AktG n.F. schreibt für börsennotierte Gesellschaften neuerdings ausdrücklich vor, dass die Vergütungsstruktur auf eine nachhaltige Unternehmensentwicklung auszurichten ist. Nach § 87 Abs. 1 S. 3 AktG n.F. sollen variable Vergütungsbestandteile eine mehrjährige Bemessungsgrundlage haben. Dem ist nicht genügt, wenn nur die Fälligkeit der Vergütungsansprüche hinausgeschoben ist. Vielmehr muss sich der Anspruchsgrund selbst über mehrere Jahre erstrecken.[63] Aktienoptionen für Vorstände können künftig erst nach vier statt nach zwei Jahren eingelöst werden. Dazu wurde § 193 Abs. 2 Nr. 4 AktG entsprechend neugefasst.[64] Auch diese Neuregelung ist in dem „Gesetz zur Angemessenheit der Vorstandsvergütung" enthalten.

Von manchen Stimmen in der Literatur wird vertreten, die neue Regelung des § 193 Abs. 2 Nr. 4 AktG analog auch auf mit *phantom stocks* unterlegte *long-term-incentive*-Programme und andere Vergütungsformen, die Aktienoptionsplänen vergleichbar sind, anzuwenden.[65] *Phantom stocks* sind quasi virtuelle Aktienoptionsprogramme. Der Fremdmanager erhält tatsächlich keine Aktienoptionen. Es wird lediglich fingiert, er habe Aktienoptionen erhalten. Diese fingierten Aktienoptionen kann er einlösen und bekommt dann den Differenzbetrag gutgeschrieben bzw. ausbezahlt. Der Vorteil liegt in der einfacheren technischen Abwicklung. Da jedoch die Wirkungsweise derjenigen von realen Aktienoptionsprogrammen entspricht, ist kein

[60] Vgl. *Friedl/ Döscher*, Der Aufsichtsrat 2009, 36.
[61] Vgl. Pressemitteilung des Bundesministeriums der Justiz vom 18.06.2009 (Fn. 39); S. 14 des Report of working group chaired by Daniel *Bouton* vom 23.09.2002 (Fn. 23).
[62] Vgl. *Süßmann*, BB 2009, 1481; Pressemitteilung des Bundesministeriums der Justiz vom 18.06.2009 (Fn. 39).
[63] Vgl. *Annuß/ Theusinger*, BB 2009, 2434, 2436.
[64] Kritisch zu dieser Änderung *Wagner/ Wittgens*, BB 2009, 906, 908; zustimmend *Friedl/ Döscher*, Der Aufsichtsrat 2009, 36, 38.
[65] Vgl. *Hohaus/ Weber*, DB 2009, 1515, 1517.

Grund ersichtlich, weshalb die Mindesthaltefristen nicht auch darauf entsprechende Anwendung finden sollten.[66]

Darüber hinaus wird vorgeschlagen, die Gewährung von Aktienoptionen nur in bestimmten, im vorhinein festgelegten zeitlichen Intervallen zuzulassen.[67] Dem ist beizupflichten, da auf diese Weise die Gewährung von Aktienoptionen „zur Unzeit", etwa nach einem außergewöhnlichen Kurssturz, vermieden werden kann.

Bereits Ziff. 4.2.3 Abs. 3 S. 4 DCGK i. d. F. vom 06.06.2008 empfiehlt, dass der Aufsichtsrat eine Begrenzungsmöglichkeit (*cap*) für außerordentliche, nicht vorhergesehene Entwicklungen vereinbaren soll. Diese Empfehlung wurde nun nahezu wortgleich in das AktG übernommen, indem der Aufsichtsrat nach § 87 Abs. 1 S. 3 Hs. 2 AktG für außerordentliche Entwicklungen eine Begrenzungsmöglichkeit zu vereinbaren hat.

Doch eine erfolgsabhängige Vergütung kann nicht nur auf die Beteiligung am Erfolg des Unternehmens reduziert werden. Sie umfasst auf der anderen Seite auch die Frage nach einer Beteiligung des Managements am Misserfolg des Unternehmens. Deshalb enthält das VorstAG sogar Regelungen zur zwangsweisen Herabsetzung der Vorstandsvergütung bei einer Verschlechterung der Lage der Gesellschaft.[68] Nach § 87 Abs. 2 AktG n.F. soll der Aufsichtsrat die Bezüge auf die angemessene Vergütung herabsetzen, wenn sich die Lage der Gesellschaft nach der Festsetzung so verschlechtert, dass die Weitergewährung der vereinbarten Bezüge unbillig für die Gesellschaft wäre. Dafür bedarf es einer ausdrücklichen gesetzlichen Regelung, weil in bestehende Verträge eingegriffen wird.[69] Eine solche Verschlechterung kann etwa vorliegen, wenn die Gesellschaft Entlassungen vornehmen muss und keine Gewinne mehr ausschütten kann.[70] Die Weiterzahlung der Vergütung muss für die Gesellschaft „unbillig" sein. Eine Insolvenz der Gesellschaft ist dafür nicht erforderlich.

---

[66] A.A. *Annuß/ Theusinger*, BB 2009, 2434, 2436.
[67] Vgl. Empfehlung auf S. 16 des Report of working group chaired by Daniel *Bouton* vom 23.09.2002 (Fn. 23).
[68] Vgl. *Süßmann*, BB 2009, 1481; *Hohaus/ Weber*, DB 2009, 1515, 1519.
[69] Vgl. Pressemitteilung des Bundesministeriums der Justiz vom 18.06.2009 (Fn. 39).

3.3 Informationspflichten

Als ein weiteres grundlegendes Problem im Rahmen der Corporate Governance-Diskussion wird bei Publikumsgesellschaften die Informationsassymetrie zwischen Fremdmanagement und Anteilseignern gesehen. Denn das Fremdmanagement ist operativ für die Gesellschaft tätig und daher im Regelfall deutlich besser und deutlich schneller über die Geschäftsvorfälle und den Geschäftsverlauf der Gesellschaft informiert. Dieser Informationsvorsprung soll über erweiterte Informationspflichten des Managements und eine verbesserte Transparenz verringert werden.[71]

3.3.1 Vergütung des Managements

Besonderes Augenmerk gilt in diesem Zusammenhang der Informationspolitik des Unternehmens in Bezug auf die Vergütung des Managements. So fordert etwa das Europäische Corporate Governance Forum eine EU-Richtlinie, in der bindende Informationsverpflichtungen für alle am Kapitalmarkt notierten Gesellschaften festgeschrieben werden. Die Informationen sollten Angaben zur Vergütungspolitik des Unternehmens allgemein sowie zur individuellen Vergütung jedes Mitglieds der Geschäftsführung bzw. des Vorstands enthalten.[72]

In Deutschland wurden die Transparenzanforderungen durch das Vorstandsvergütungs-Offenlegungsgesetz (VorstOG)[73] bereits beträchtlich verschärft. Danach haben kapitalmarktorientierte Aktiengesellschaften die Vergütung der Vorstandsmitglieder individuell, aufgeschlüsselt nach fixen und variablen Bestandteilen sowie Komponenten mit langfristiger Anreizwirkung im Anhang des Jahres- bzw. Konzernabschlusses offenzulegen, sofern die Hauptversammlung nichts anderes beschließt („Opting-Out-Klausel“).[74] Diese erhöhten Anforderungen wurden durch das VorstAG nochmals erweitert. Denn nach diesem Gesetz soll künftig insbesondere detailliert

---

[70] Vgl. *Knapp*, DStR 2010, 56.
[71] Vgl. S. 5 des Report of working group chaired by Daniel *Bouton* vom 23.09.2002 (Fn. 23).
[72] Vgl. Statement of the European Corporate Governance Forum on Director Remuneration vom 23.03.2009 (Fn. 58), Ziffer 5.
[73] Gesetz über die Offenlegung der Vorstandsvergütungen vom 3. August 2005 (BGBl. I 2005, 2267).
[74] Vgl. *Köhler/ Marten/ Schlereth*, DB 2009, 1477, 1479.

offengelegt werden müssen, welche Leistungen sowohl für den Fall einer vorzeitigen als auch einer regulären Beendigung der Vorstandstätigkeit vereinbart worden sind.[75] Nach § 23 EGAktG in der Neufassung durch das VorstAG sollen die neuen Transparenzvorschriften erstmals Anwendung auf Jahres- und Konzernabschlüsse für die nach dem 31. Dezember 2009 beginnenden Geschäftsjahre finden.

3.3.2 Deutscher Corporate Governance Kodex

Einen weiteren wichtigen Meilenstein zur Verbesserung der Transparenz im Zuge der Corporate Governance-Diskussion stellt die Verabschiedung des Deutschen Corporate Governance Kodex[76] dar. Dieser Kodex wurde im Jahr 2002 erstmals veröffentlicht und wird seither regelmäßig überarbeitet. Er gilt nur für börsennotierte Aktiengesellschaften und er beinhaltet eine Zusammenstellung von sog. Best-practice-Empfehlungen.

Der Kodex gliedert sich in drei verschiedene Arten von Regelungen: Zum einen wiederholt er lediglich die ohnehin geltenden gesetzlichen Vorschriften - teilweise in leichter lesbarer oder verkürzter Form. Das sind die Normen, die nach Ansicht der Corporate Governance Kommission für die Charakterisierung des Corporate Governance Systems des deutschen Aktienrechts wesentlich sind.[77] Zum anderen enthält der Kodex Empfehlungen, die durch die Verwendung des Wortes „soll" gekennzeichnet sind.[78] Das sind nach Auffassung der Kommission „international und national anerkannte Standards guter und verantwortungsvoller Unternehmensführung".[79] Abweichungen von diesen Empfehlungen sind von den Unternehmen im Rahmen der Entsprechenserklärung des § 161 AktG offen zu legen. Schließlich sind im Kodex Anregungen aufgeführt und durch die Verwendung der Worte „sollte" oder „kann"

---

[75] Vgl. BT-Drucks. 16/12278, 2.

[76] Der Deutsche Corporate Governance Kodex ist abrufbar unter: http://www.corporate-governance-code.de/ger/kodex/index.html (18.06.2009). Kritisch zum Deutschen Corporate Governance Kodex *Hennerkes*, Die Familie und ihr Unternehmen, 256-259.

[77] Vgl. *Theusinger/ Liese*, DB 2008, 1419, 1420.

[78] Vgl. DCGK, Präambel Abs. 10 und Regierungsbegründung zu § 161 AktG BT-Drucks. 14/8769, 21.

[79] Vgl. v. *Werder/ Talaulicar/ Pissarczyk*, AG 2010, 62.

gekennzeichnet.[80] Abweichungen von diesen Anregungen müssen von den Unternehmen nicht offen gelegt werden.[81]

Der Kodex weist keine Gesetzesqualität auf. Die darin festgelegten Empfehlungen sind nicht das Ergebnis staatlicher Rechtsetzung, sondern lassen sich allenfalls als Normen im faktischen Sinne qualifizieren.[82]

Denn den betroffenen Unternehmen steht es frei, von den Empfehlungen des Deutschen Corporate Governance Kodex abzuweichen. Durch die Verzahnung mit § 161 AktG sind sie lediglich verpflichtet, diese Abweichungen offenzulegen. Das geschieht durch Abgabe der sog. Entsprechenserklärung. Danach erklären Vorstand und Aufsichtsrat der börsennotierten Gesellschaft jährlich, dass den Empfehlungen des Deutschen Corporate Governance Kodex entsprochen wurde und wird oder welche Empfehlungen nicht angewendet wurden oder werden und warum nicht.

Die letzten drei Worte, d. h. die Pflicht zur Begründung der Abweichung, wurden durch das BilMoG neu in das Gesetz aufgenommen.[83] Die Unternehmen haben danach in ihrer Entsprechenserklärung zu kommentieren, aus welchen Gründen bestimmte Empfehlungen nicht angewendet wurden oder werden.[84]

---

[80] Vgl. *Theusinger/ Liese*, DB 2008, 1419, 1420.

[81] Vgl. MünchKommAktG/ *Semler*, § 161 Rn. 26; *Sester* in: *Spindler/ Stilz*, AktG, § 161 Rn. 25; *Ringleb* in: *Ringleb/ Kremer/ Lutter/ v. Werder*, Rn. 45.

[82] Keine Rechtsnormen i.S.v. Art. 2 EGBGB; vgl. OLG München, Urt. v. 06.08.2008 – 7 U 5628/07, BB 2009, 232, 233 m. Anm. *Kocher/ Bedkowski* = NZG 2009, 508, 509 = AG 2009, 294; *Lange* FS *Hennerkes*, 135, 142; *Franz*, DB 2009, 2764, 2768.

[83] Die Neuregelung basiert auf der Richtlinie 2006/46/EG des Europäischen Parlaments und des Rates vom 14. Juni 2006 zur Änderung der Richtlinien des Rates 78/660/EWG über den Jahresabschluss von Gesellschaften bestimmter Rechtsformen, 83/349/EWG über den konsolidierten Abschluss, 86/635/EWG über den Jahresabschluss und den konsolidierten Abschluss von Banken und anderen Finanzinstituten und 91/674/EWG über den Jahresabschluss und den konsolidierten Abschluss von Versicherungsunternehmen, ABlEU Nr. L 224, 1. Nach deren Art. 1 Abs. 7 hat eine Gesellschaft, soweit sie im Einklang mit nationalem Recht von einem Unternehmensführungskodex abweicht, eine Erklärung abzugeben, in welchen Punkten und aus welchen Gründen sie von dem Kodex abweicht.

[84] Zum Kommentierungsverhalten der Unternehmen im Jahr 2008 vgl. *v. Werder/ Talaulicar/ Pissarczyk*, AG 2010, 62 ff.

§ 161 S. 2 AktG und § 285 S. 1 Nr. 16 HGB verlangen zudem, dass die Erklärung den Aktionären dauerhaft zugänglich gemacht wird. Eine Veröffentlichung auf den Internetseiten des Unternehmens oder im Geschäftsbericht reicht dafür aus.[85]

Dem Kodex kommt auch keine satzungsgleiche Wirkung zu, da Erklärungen zur Beachtung der Empfehlungen des Deutschen Corporate Governance Kodex ohne Mitwirkung und Entscheidung der Hauptversammlung allein durch Vorstand und Aufsichtsrat abgegeben werden.[86]

Die Regelungen des Deutschen Corporate Governance Kodex sind auch weder als Gewohnheitsrecht noch als Handelsbrauch zu qualifizieren.[87]

Allerdings kann ein die Anfechtbarkeit eines Hauptversammlungsbeschlusses begründender Gesetzesverstoß vorliegen, wenn Vorstand und Aufsichtsrat entgegen ihrer Entsprechenserklärung durch einen der Hauptversammlung zur Entscheidung vorgelegten Beschlussvorschlag eine Kodex-Empfehlung missachten, ohne die geänderte Absicht bekannt zu machen. Damit liegt nach einer neueren Entscheidung des OLG München[88] nämlich ein Verstoß gegen § 161 AktG vor. Gleiches gilt, wenn von der Gesellschaft überhaupt keine Erklärung i.S.v. § 161 AktG abgegeben und Vorstand und Aufsichtsrat durch die Hauptversammlung gleichwohl Entlastung erteilt wird.[89] Auch darin liegt ein zur Anfechtung des entsprechenden Hauptversammlungsbeschlusses berechtigender Gesetzesverstoß.

Dem Kodex kommt eine Doppelfunktion[90] zu: Er soll die Information deutscher und vor allem ausländischer Investoren über Regeln zur Unternehmensführung und Unternehmensüberwachung in Deutschland sichern. Deshalb erfüllt er eine kapital-

[85] Vgl. BeckBilKomm/ *Ellrott*, § 285 HGB Rn. 261; MünchKommAktG/ *Kessler*, § 285 HGB Rn. 233; MünchKommHGB/ *Lange*, § 285 Rn. 276. Neuerdings ausdrücklich gesetzlich geregelt in § 161 Abs. 2 AktG.
[86] Vgl. OLG München, Urt. v. 06.08.2008 – 7 U 5628/07, BB 2009, 232, 233 m. Anm. *Kocher/ Bedkowski* = NZG 2009, 508, 509 = AG 2009, 294; *Theusinger/ Liese*, DB 2008, 1419, 1420.
[87] Vgl. *Kort*, AG 2008, 137 f.
[88] Vgl. Urt. v. 06.08.2008 – 7 U 5628/07, BB 2009, 232, 233 m. Anm. *Kocher/ Bedkowski* = NZG 2009, 508, 509 = AG 2009, 294, 295.
[89] Vgl. OLG München, Urt. v. 19.11.2008 – 7 U 2405/08, AG 2009, 450, 452.
[90] Vgl. *Kort*, AG 2008, 137.

marktrechtliche Informationsfunktion. Darüber hinaus dient er der Erhöhung des Standards der Führung und Überwachung deutscher börsennotierter Aktiengesellschaften. Dadurch erfüllt er eine Qualitätssicherungs- und Qualitätssteigerungsfunktion.

Der Deutsche Corporate Governance Kodex beinhaltet jedoch Regelungen, die für eine Vielzahl von Unternehmen gelten sollen und deshalb sehr allgemein gehalten sind. Außerdem ist der Deutsche Corporate Governance Kodex eben auf die Überwindung der Kluft zwischen den Interessen von Eigentümern und Organen angelegt. Diese Kluft besteht in mittelständischen Familienunternehmen - wie bereits erläutert - nicht oder nur in eingeschränktem Maß. Die im Deutschen Corporate Governance Kodex enthaltenen Empfehlungen sind daher nur sehr eingeschränkt auf Familienunternehmen übertragbar.[91]

Der Vollständigkeit halber sei in diesem Zusammenhang auch erwähnt, dass die Bundesregierung am 1. Juli 2009 ebenfalls neue Grundsätze guter Unternehmensführung für den Bund verabschiedet hat. Den Kern dieser Grundsätze bildet der sog. „Public Corporate Governance Kodex (PCGK) des Bundes“[92], dessen Zielsetzung es ist, die Führung und Überwachung von Unternehmen, an denen der Bund mit Mehrheit beteiligt ist, transparenter und nachvollziehbarer zu machen.[93] Dadurch soll wiederum das Vertrauen in Unternehmen mit Bundesbeteiligung und in den Bund als Anteilseigner gestärkt werden.[94] Der PCGK des Bundes übernimmt den bekannten „comply or explain“-Mechanismus des DCGK. Danach muss das Unternehmen Abweichungen von den Empfehlungen des PCGK des Bundes in seinem Corporate Governance-Bericht offen legen und begründen.

[91] Siehe dazu auch unten unter Ziffer 5.2. Ebenso *Hennerkes*, Die Familie und ihr Unternehmen, 260.

[92] Der PCGK ist erhältlich unter: http://www.bmj.bund.de/files/-/3750/Grundsaetze_guter_Unternehmens-und_Beteiligungsuehrung_im_Bereich_des_Bundes.pdf (25.02.10).

[93] Siehe die Pressemitteilung des Bundesministeriums der Justiz vom 01.07.2009; erhältlich unter: http://www.bmj.bund.de/enid/9585efff5f6d26afbd8edf75ee27d9d1,8467b9706d635f6964092d0936303631093a0979656172092d0932303039093a096d6f6e7468092d093037093a095f7472636964092d0936303631/Pressestelle/Pressemitteilungen_58.html (03.03.10).

[94] Vgl. *Caruso*, NZG 2009, 1419.

Auf Unternehmen, an denen der Bund beteiligt ist und die auf Grund einer Börsennotierung dem Deutschen Corporate Governance Kodex unterfallen, ist der PCGK des Bundes nicht anwendbar. Da Unternehmen mit staatlicher Beteiligung jedoch nochmals anderen Gesetzmäßigkeiten unterliegen, als das bei vollständig in privater Hand befindlichen Unternehmen der Fall ist, dürften die Grundsätze des PCGK des Bundes in der Tendenz noch weniger zur Übertragung auf mittelständische Familienunternehmen geeignet sein als diejenigen des DCGK.

3.3.3 Information des Kontrollorgans

Mit der Erweiterung der Aufgaben des Kontrollorgans einher geht eine verbesserte Information des Kontrollorgans über die Vorgänge in der Geschäftsführung. Denn nur ein zureichend informiertes Kontrollorgan vermag auch tatsächlich eine effektive Kontrolle des geschäftsführenden Organs zu gewährleisten. Deswegen wurden im Zuge der Corporate Governance-Diskussion die Informationsrechte und -pflichten in Bezug auf das Kontrollorgan stetig ausgeweitet.

Die vom Vorstand an den Aufsichtsrat gemäß § 90 Abs. 1 S. 1 Nr. 1 AktG zu erstattenden Berichte müssen auf die beabsichtigte Geschäftspolitik und andere grundsätzliche Fragen der Unternehmensplanung einschließlich der Finanz-, Investitions- und Personalplanung eingehen. Dabei sind Abweichungen der tatsächlichen Entwicklung von früher berichteten Zielen unter Angabe von Gründen zu erläutern. Diese sog. „Follow-up"-Berichterstattung wurde durch das TransPuG zwar explizit in das Gesetz aufgenommen, sie entspricht aber materiell der auch schon vor dem TransPuG geltenden Rechtslage.[95]

Der Vorstand hat dem Aufsichtsrat überdies über die Rentabilität der Gesellschaft zu berichten, insbesondere über die Rentabilität (Verzinsung) des Eigenkapitals (§ 90 Abs. 1 S. 1 Nr. 2 AktG). Die Berichtspflicht des Vorstands erstreckt sich ferner auf den Gang der Geschäfte der Gesellschaft, insbesondere auf deren Lage und auf deren Umsatz (§ 90 Abs. 1 S. 1 Nr. 3 AktG). Schließlich hat der Vorstand dem Aufsichtsrat gemäß § 90 Abs. 1 S. 1 Nr. 4 AktG über solche Geschäfte zu berichten, die für die Rentabilität oder Liquidität der Gesellschaft von erheblicher Bedeutung sein können.

Durch das KonTraG wurde zudem die Vorschrift des § 90 Abs. 3 S. 2 AktG neu in das Gesetz eingefügt. Dadurch wird jedem einzelnen Aufsichtsratsmitglied das Recht eingeräumt, zusätzliche Berichte des Vorstands an den Aufsichtsrat zu verlangen. In diese Richtung zielen auch Ziffer 3.4 DCGK sowie Ziffer 3.1.3 PCGK des Bundes, die jeweils die ausreichende Informationsversorgung des Überwachungsorgans zur gemeinsamen Aufgabe von Geschäftsführungs- und Überwachungsorgan erklären.

3.3.4 Sonstige Informationspflichten

Doch Corporate Governance zielt auf eine Verbesserung des Informationsflusses im Unternehmen im Allgemeinen, nicht nur in Bezug auf das Kontrollorgan. Auch die Informationsversorgung der Anteilseigner soll verbessert werden.

Nach § 171 Abs. 2 S. 2 AktG hat deshalb der Aufsichtsrat beispielsweise der Hauptversammlung darüber zu berichten, ob und welche Ausschüsse er mit welchen Aufgaben gebildet hat. Die Norm wurde durch das KonTraG in das Aktiengesetz eingefügt.

3.4 Verschärfung der Haftung

Der nächste Ansatzpunkt zur Reduzierung des Prinzipal-Agenten-Konflikts ist die Verschärfung der Haftung des Agenten. Ausgangspunkt ist die Annahme, dass der Manager Entscheidungen umso sorgfältiger abwägen wird, je mehr ihn ein Fehlschlagen der Entscheidung persönlich betrifft. Da ein solches Fehlschlagen einer Entscheidung des Fremdmanagers bei der Publikumsgesellschaft grundsätzlich vom Unternehmen und damit den hinter diesem stehenden Anteilseignern getragen wird,

[95] Vgl. *Hüffer*, § 90 Rn. 4 c.

wird eine Haftungsverschärfung des Managers gegenüber Anteilseignern und Unternehmen angedacht.

Die Haftung des Vorstands gegenüber der Aktiengesellschaft ist in § 93 Abs. 2 AktG geregelt. Dessen Haftung ist an eine Pflichtverletzung geknüpft. In § 93 Abs. 3 AktG findet sich sodann eine exemplarische Aufzählung verschiedener Pflichten, die dem Vorstand obliegen. Weitere Pflichten des Vorstands können sich aus Spezialgesetzen ergeben.

Doch nicht nur das Management, sondern auch das Kontrollorgan ist von der Haftungsverschärfung im Zuge der Corporate Governance-Diskussion betroffen. Denn mit der Ausweitung seiner Befugnisse geht ein erweitertes Risiko seiner Haftung einher. Dadurch soll auch das Kontrollorgan zur wirksamen und effektiven Ausübung seiner Kontrolltätigkeit angehalten werden. Die Haftung des Aufsichtsrats einer Aktiengesellschaft gegenüber dieser Gesellschaft ist in § 116 AktG geregelt. Danach gilt für die Aufsichtsratsmitglieder § 93 AktG über die Sorgfaltspflicht und Verantwortlichkeit der Vorstandsmitglieder sinngemäß. Die genannten Haftungsnormen finden außerdem auf Vorstand und Aufsichtsrat der Vor-AG Anwendung (§ 48 S. 2 AktG), ebenso grundsätzlich auf die persönlich haftenden Gesellschafter der KGaA (§ 283 Nr. 3 AktG).

3.4.1 Pflichten der Organe

Durch das KonTraG wurde die Norm des § 91 Abs. 2 AktG in das Gesetz eingefügt. Danach hat der Vorstand geeignete Maßnahmen zu treffen, insbesondere ein Überwachungssystem einzurichten, damit den Fortbestand der Gesellschaft gefährdende Entwicklungen früh erkannt werden. Mit Bestandsgefährdung sind solche nachteiligen Veränderungen gemeint, die sich auf die Vermögens-, Ertrags- oder Finanzlage der AG auswirken können und deshalb für die Darstellungsanforderungen des § 264 Abs. 2 HGB relevant sind.[96] Die Maßnahmen sind zur Früherkennung geeignet, wenn nach der Erfahrung erwartet werden darf, dass der Vorstand die erforderlichen

Informationen so rechtzeitig erhält, dass der nachteiligen Entwicklung entgegen gewirkt werden kann und sie deshalb keine bestandsgefährdenden Ausmaße annimmt.[97]

Auch die Pflichten des Aufsichtsorgans wurden erweitert. So bejahte der BGH[98] eine Haftung des Aufsichtsrats im Falle des Verstoßes des Vorstands gegen dessen Pflichten aus § 92 Abs. 2 S. 1 AktG. Denn der Aufsichtsrat habe alle ihm nach §§ 90 Abs. 3, 111 Abs. 2 AktG zur Verfügung stehenden Erkenntnisquellen auszuschöpfen, um sich ein zutreffendes Bild von der Gesellschaft zu machen.[99] Wenn sich eine negative Entwicklung der wirtschaftlichen Lage abzeichnet, muss der Aufsichtsrat die Kontrolldichte und den Beratungsaufwand erhöhen.[100] Sollte er dabei die Insolvenzreife der Gesellschaft feststellen, hat er darauf hinzuwirken, dass der Vorstand die Pflichten des § 92 Abs. 2 AktG nicht verletzt und ein unzuverlässig erscheinendes Vorstandsmitglied ggf. abzuberufen.[101]

Generell hat der Aufsichtsrat bei Entscheidungen über die Vergütung des Vorstands im Unternehmensinteresse zu handeln, insbesondere den Vorteil der Gesellschaft zu wahren und Nachteile von ihr abzuwenden.[102] Der Aufsichtsrat darf danach eine im Dienstvertrag nicht vereinbarte Sonderzahlung an den Vorstand, die ausschließlich belohnenden Charakter hat und der Gesellschaft keinen zukunftsbezogenen Nutzen bringen kann (kompensationslose Anerkennungsprämie), nicht beschließen. Ein solcher Sachverhalt stellt sich nach der Entscheidung des BGH im Fall Mannesmann[103] als treuepflichtwidrige Verschwendung des Gesellschaftsvermögens dar, die bereits dem Grunde nach unzulässig ist. Auf die Frage, ob die Gesamtbezüge des begüns-

---

[96] Vgl. RegBegr. BT-Drucks. 13/9712, 15; *Hüffer*, § 91 Rn. 6.
[97] Vgl. RegBegr. BT-Drucks. 13/9712, 15; *Hüffer*, § 91 Rn. 7.
[98] Vgl. BGH, Urt. v. 16.03.2009 – II ZR 280/07, GmbHR 2009, 654, 655 f.
[99] Vgl. BGH, Urt. v. 01.12.2008 – II ZR 102/07, ZIP 2009, 70, 73 = GmbHR 2009, 199, 202 m. zust. Anm. *Podewils* („MPS").
[100] Vgl. OLG Brandenburg, Urt. v. 17.02.2009 – 6 U 102/07, AG 2009, 662, 664.
[101] Vgl. *Hopt/ Roth* in: Großkomm AktG, § 111 Rn. 318; MünchKommAktG/ *Habersack*, § 111 Rn. 45 und 51. Ebenso für die Haftung eines fakultativen Aufsichtsrats nach § 52 Abs. 1 GmbHG i.V.m. §§ 116, 93 Abs. 2, 3 Nr. 6 AktG OLG Brandenburg, Urt. v. 17.02.2009 – 6 U 102/07, AG 2009, 662, 664 f.
[102] Vgl. BGH, Urt. v. 21.12.2005 – 3 StR 470/04, DB 2006, 323; BGH, Urt. v. 21.04.1997 – II ZR 175/95, BGHZ 135, 244, 252 f. = DB 1997, 1068, 1069 f.; *Hüffer*, § 84 Rn. 9, § 93 Rn. 4 und 5, § 116 Rn. 4.
[103] Vgl. Urt. v. 21.12.2005 – 3 StR 470/04, DB 2006, 323, 324. Zum Mannesmann-Prozess vgl. auch *Jahn*, BB v. 02.01.07, I.

tigten Vorstandsmitglieds unter Einschluss der Sonderzahlung nach den Grundsätzen des § 87 Abs. 1 S. 1 AktG der Höhe nach noch als angemessen beurteilt werden können, kommt es nicht mehr an.[104] Nach dem neuen VorstAG (§ 116 S. 3 AktG n. F.) sind die Aufsichtsratsmitglieder überdies zum Schadensersatz verpflichtet, falls sie eine unangemessene Vergütung des Vorstands nicht herabsetzen.[105]

Es wurde bereits dargestellt,[106] dass der Aufsichtsrat nunmehr zwingend zustimmungsbedürftige Geschäfte festzulegen hat. Im Gegenzug hat der Aufsichtsrat diese Geschäfte dann aber auch mitzuverantworten.[107]

Durch die Schaffung des Deutschen Corporate Governance Kodex ist nunmehr fraglich, ob die darin aufgelisteten Standards geeignet sind, die Pflichten der Organe von Aktiengesellschaften näher zu konkretisieren. Doch da es den Unternehmen frei steht, von den Empfehlungen des Kodex abzuweichen, ist das nicht der Fall.[108] Erst recht konkretisieren die bloßen Anregungen keine Pflichten der Organe.

3.4.2 Business Judgment Rule

Die Verschärfung der Haftung darf andererseits nicht dazu führen, dass der Vorstand aus Angst vor möglichen Haftungsgefahren die Eingehung jeglichen unternehmerischen Risikos scheut. Ein kalkuliertes unternehmerisches Risiko soll der Vorstand nämlich eingehen können. Um ein übervorsichtiges Handeln des Vorstands zu vermeiden, wurde durch das UMAG[109] die sog. *business judgment rule* in § 93 Abs. 1 S. 2 AktG aufgenommen. Danach liegt eine Pflichtverletzung nicht vor, wenn das Vorstandsmitglied (und auch das Aufsichtsratsmitglied) bei einer unternehmerischen Entscheidung vernünftigerweise und auf der Grundlage angemessener Information

---

[104] Ebenso *Rönnau/ Hohn*, NStZ 2004, 113, 120 ff.; a.A. *Fonk*, NZG 2005, 248, 251; *Liebers/ Hoefs*, ZIP 2004, 97, 99 ff.; *Hoffmann-Becking*, ZHR 169 (2005), 155, 161 ff.; *Kort*, NJW 2005, 333, 334 f.

[105] Zur Möglichkeit der Herabsetzung einer unangemessenen Vorstandsvergütung siehe unter Ziffer 3.2. Kritisch zu dieser Neuregelung *Süßmann*, BB 2009, 1481.

[106] Oben unter Ziffer 3.1.4.

[107] Vgl. *Lutter*, DB 2009, 775, 777.

[108] Vgl. *Theusinger/ Liese*, DB 2008, 1419, 1420.

[109] Gesetz zur Unternehmensintegrität und Modernisierung des Anfechtungsrechts vom 22. September 2005 (BGBl. I 2005, 2802).

annehmen durfte, zum Wohle der Gesellschaft zu handeln. Die Entscheidung muss also unbedingt auf der Basis sorgfältiger und möglichst umfassender Information getroffen werden.

3.4.3 Kehrseite der Haftungsverschärfung

Eine zu weitreichende Verschärfung der Haftung der Organmitglieder führt jedoch dazu, dass sich tendenziell weniger Kandidaten zur Übernahme eines entsprechenden Amtes bereit finden.[110] Oder es besteht die Möglichkeit, dass die im Amt befindlichen Personen die Eingehung jeglicher Risiken scheuen. Auch ein übervorsichtiges Handeln seiner Organmitglieder kann dem Unternehmen aber zum Nachteil gereichen. Denn ein solches übervorsichtiges Handeln birgt seinerseits die Gefahr in sich, dass Geschäftschancen ungenutzt bleiben oder Investitionen „verschlafen werden". Deswegen sollte die Haftung der Organmitglieder nur vorsichtig und mit Augenmaß verschärft werden.

3.4.4 D&O-Versicherung

Die Spürbarkeit der Haftung des Agenten kann eingeschränkt oder gar ausgeschlossen sein, wenn statt seiner eine sogenannte D&O-Versicherung den Schaden trägt. Der Begriff „D&O-Versicherung" steht als Kurzform für die aus dem anglo-amerikanischen Rechts- und Wirtschaftskreis übernommene *director's and officer's liability insurance policy*. Die D&O-Versicherung deckt Vermögensschäden ab, die dem Unternehmen (Innenhaftung) oder Dritten (Außenhaftung) durch eine Pflichtverletzung der Organe des Unternehmens entstehen.[111]

Die Eintrittswahrscheinlichkeit solcher Schäden ist zwar eher gering. Die Schäden, so sie denn eintreten, können aber exorbitante Höhen erreichen. Die persönliche Haftung der Organe nützt dem Unternehmen nichts, wenn die eingetretenen Schäden deren Privatvermögen übersteigen. Diese Lücke soll durch den Abschluss einer

[110] Ebenso *Süßmann*, BB 2009, 1481.

D&O-Versicherung geschlossen werden. Die Prämien der Versicherung trägt die Gesellschaft, denn sie ist die Versicherungsnehmerin.[112] Durch die D&O-Versicherung erhält die geschädigte Gesellschaft eine solvente Schuldnerin für ihre Schadensersatzansprüche, nämlich das Versicherungsunternehmen.[113] Gleichzeitig werden die handelnden Organe von dem Risiko der persönlichen Haftung in Höhe der Versicherungssumme freigestellt.

Das Unternehmen ist frei in seiner Entscheidung darüber, ob es für seine Organe eine D&O-Versicherung abschließt oder nicht. Daran soll sich auch durch das VorstAG nichts ändern.[114]

Allerdings soll die Entscheidung des Unternehmens zur Absicherung seiner Organe durch eine solche Versicherung keinen „Freifahrschein" für die Organe begründen, unverantwortliche Risiken im Namen des Unternehmens einzugehen. Aus diesem Grund wurde in jüngster Zeit ein zwangsweiser Selbstbehalt des Managers in Höhe eines Jahresgehalts diskutiert, der nicht abgesichert werden kann.[115] Erstmals wurde in Ziff. 3.8 Abs. 2 DCGK die Empfehlung ausgesprochen, bei Abschluss einer D&O-Versicherung einen angemessenen Selbstbehalt zu vereinbaren. Seit der Neufassung des DCGK vom 18. Juni 2009 gilt dessen Ziffer 3.8 - über die gesetzliche Regelung hinausgehend - für Vorstände und Aufsichtsräte börsennotierter Aktiengesellschaften.

Im VorstAG ist nun für Vorstandsmitglieder ein zwingender Selbstbehalt bis mindestens zur Höhe der eineinhalbfachen jährlichen Festvergütung vorgesehen. Dieser „flankiert die in § 76 Abs. 1 AktG normierte persönliche Verpflichtung und Verantwortung des Vorstands".[116] Der Selbstbehalt muss mindestens 10 % des Schadens umfassen. Das wird durch einen neuen letzten Satz von § 93 Abs. 2 AktG festgelegt. Da die Aktiengesellschaft beim Abschluss eines D&O-Versicherungsvertrags vom

---

111 Vgl. *Van Kann*, NZG 2009, 1010; *Franz*, DB 2009, 2764, 2768; *Kleindiek* in: *Lutter/ Hommelhoff*, § 43 Rn. 4.
112 Vgl. Begr. der Beschlussempfehlung, BT-Drucks. 16/13433, 11.
113 Vgl. *Franz*, DB 2009, 2764, 2765.
114 Vgl. Begr. der Beschlussempfehlung, BT-Drucks. 16/13433, 11; *Franz*, DB 2009, 2764.
115 Vgl. *Maron* in: StZ v. 24.04.2009, 12.
116 Vgl. Begr. der Beschlussempfehlung, BT-Drucks. 16/13433, 11.

Vorstand vertreten wird, stellt es künftig eine Pflichtverletzung des Vorstands i.S.d. § 93 Abs. 2 AktG dar, wenn er einen solchen Versicherungsvertrag ohne den genannten Selbstbehalt abschließt.[117]

Der grundsätzliche Ansatz, über eine weitere Verschärfung der Haftung der Organmitglieder zu einer Verbesserung der Corporate Governance zu gelangen, ist - wie bereits gesagt - mit Vorsicht zu genießen. Doch eine gewisse Spürbarkeit des Haftungsrisikos ist sicherlich auch angezeigt. Insofern erscheint es folgerichtig, diese Spürbarkeit auch bei Abschluss einer D&O-Versicherung durch Vereinbarung eines entsprechenden Selbstbehalts zu sichern.[118]

Wegen der regelmäßig hohen Streitwerte und der Komplexität der möglicherweise zur Haftung des Managers führenden Sachverhalte kommt der Übernahme der Kosten der Rechtsverteidigung durch den D&O-Versicherer eine überragende Bedeutung zu.[119] Daher sollte der Versicherungsvertrag immer eine Verpflichtung zur Übernahme dieser Kosten durch den Versicherer enthalten. Dieser Aspekt wird beim Abschluss von D&O-Versicherungen oft verkannt, weil die Kosten der Rechtsverteidigung fälschlicherweise dem durch die Pflichtverletzung entstandenen „Schaden" zugerechnet werden. Dieser Schaden entsteht jedoch dem Unternehmen. Demgegenüber gehen die Abwehrkosten zu Lasten des betroffenen Mitglieds des Geschäftsführungs- oder Aufsichtsorgans und stellen keinen Schaden des Unternehmens dar.[120]

Auf die Übernahme der Abwehrkosten sollte sich der genannte Selbstbehalt nicht beziehen. Denn der Manager muss trotz allem in der Lage sein, seine Tätigkeit einigermaßen befreit von Haftungsgesichtspunkten ausüben zu können. Hat er alles richtig gemacht, dann soll er auch ohne Kostenrisiko qualifizierten rechtlichen Beistand erhalten.

---

[117] Vgl. *Olbrich/ Kassing*, BB 2009, 1659, 1661.
[118] Vgl. Ebenso Ziffer 4.4.4 des Governance Kodex für Familienunternehmen (Fn. 228); a.A. wohl *Franz*, DB 2009, 2764; *Kleindiek* in: *Lutter/ Hommelhoff*, § 43 Rn. 4.
[119] Vgl. *Thümmel/ Sparberg*, DB 1995, 1013, 1017.
[120] Vgl. *Olbrich/ Kassing*, BB 2009, 1659, 1660.

4. Übertragung der Corporate Governance-Diskussion auf Familienunternehmen

Aber worin unterscheiden sich Familienunternehmen nun von anderen Unternehmen? Das verdeutlicht am besten die Betrachtung verschiedener, für das Familienunternehmen besonders bedeutsamer Problemstellungen.

4.1 Regelung der Unternehmensnachfolge

Ein besonders kritischer Zeitpunkt im Lebenszyklus eines jeden Familienunternehmens ist die Regelung der Nachfolge in der Person des Unternehmers.[121] In der Regel streben Familienunternehmen eine familieninterne Nachfolgelösung, d. h. die Übergabe des Unternehmens an die nächste Generation an.[122] So haben etwa die Partner der Privatbank **Sal. Oppenheim jr. & Cie**. in ihrer Jubiläumsschrift zum 200-jährigen Bestehen des Unternehmens im Jahre 1992 bereits im Vorwort die aus ihrer Sicht tragenden Elemente des Unternehmens beschrieben. Dort heißt es wörtlich: „Zum Selbstverständnis der Bank gehören drittens Geschlossenheit und Zusammenhalt. Bisher haben die tragenden Kapitalgruppen und Familienzweige dem Wohl der Bank stets Priorität vor individuellen Interessen eingeräumt. Die persönlich haftenden Gesellschafter eint die Verpflichtung gegenüber Vorfahren und Vorgängern, das Unternehmen intakt auf die nächste Generation zu übertragen, das heißt vor allem dessen Eigenständigkeit und Unabhängigkeit zu bewahren."[123] Diese Tradition wird allerdings dieser Tage wohl mit dem Verkauf des Unternehmens an die Deutsche Bank AG ihr Ende finden und die Bank Sal. Oppenheim jr. & Cie. wird nach über 220 Jahren damit ihre Eigenständigkeit verlieren. Der Grund dafür sind finanzielle Umwälzungen als Folge der Finanzmarktkrise, insbesondere ein wohl zu waghalsiges Zertifikategeschäft und ein missratenes Engagement bei der Arcandor AG.[124]

---

[121] Vgl. *Iliou*, GmbHR 2009, 81, 82.
[122] Vgl. *Wimmer/ Groth* in: *Scherer/ Blanc/ Kormann/ Groth/ Wimmer*, Rn. 2. Eine Umfrage des Deutschen Industrie- und Handelskammertages kam zu dem Ergebnis, dass dies für 80 % der Familienunternehmen gilt; *Krohn* in: F.A.Z. v. 16.10.2009, 12.
[123] *Sal. Oppenheim jr. & Cie.*, 7.
[124] Vgl. *Koch* in: F.A.Z. v. 16.10.2009, 16; *Jensen/ Papendick* in: mm 12/2009, 12 ff.; „Bank Oppenheim ist billiger als erwartet" in: F.A.Z. v. 07.10.2009, 15.

Helmut *Kostal*, geschäftsführender Gesellschafter der **Leopold Kostal GmbH & Co. KG**, Lüdenscheid, hat das Ziel seiner Familie und ihres Unternehmens wie folgt formuliert: „Wir betrachten das bei uns im Unternehmen wie einen Staffellauf. Man ist beim Staffellauf aufgefordert, mit der gleichen oder schnelleren Geschwindigkeit bis zu einer gewissen Distanz den Stab zu tragen, bis er weitergegeben und fortgetragen wird. Und wenn man ihn abgegeben hat, dann ist man der Verpflichtung auch entledigt. Das ist ein relativ typisches Bild davon, wie das bei uns in der Familie gesehen wird.“[125]

Doch die Realität sieht anders aus, denn eine erfolgreiche Übergabe des Familienunternehmens an die nächste Generation gelingt nur in rund der Hälfte aller Fälle.[126] Und sogar nur etwa 10 % der Familienunternehmen werden an die dritte Generation übergeben.[127]

4.1.1 Besondere Unternehmerpersönlichkeit

Denn der typische Unternehmer des Familienunternehmens ist eine besondere Persönlichkeit mit häufig vielseitigen Fähigkeiten.[128] Das macht es besonders schwierig, einen adäquaten Ersatz für ihn an der Spitze des Unternehmens zu finden. Unternehmerische Fähigkeiten können zwar durch Erziehung und Ausbildung gefördert werden, sie lassen sich aber nicht biologisch vererben.[129]

So ist beispielsweise Bernhard *Rohloff*, der im Jahre 1986 gemeinsam mit seiner Frau Barbara die **Rohloff AG** (damals als Rohloff GmbH) in Fuldatal bei Kassel gründete, ein begnadeter Tüftler und Techniker. Die Rohloff AG stellt besonders hochwertige Teile für den Bau von Fahrrädern her, insbesondere die 14-Gang-Na-

---

[125] Vgl. *Simon/ Wimmer/ Groth*, 58.

[126] Im Jahr 2005 führten in Deutschland von insgesamt 70.900 gefundenen Nachfolgelösungen lediglich 31.000 zu einem Verbleib des Unternehmens in der Familie (nach dem Institut der deutschen Wirtschaft Köln, Argumente Nr. 11/2006, Grafik 4).

[127] Vgl. *Iliou*, 142.

[128] Ausführlich zu den häufig anzutreffenden besonderen Eigenschaften und Fähigkeiten des "Unternehmers" *Hennerkes* in: *Hennerkes*, Uhb FamG, 1, 5-11; *Hennerkes* in: *Böllhoff/ Krüger/ Berni*, 151, 153; zehn Portraits von Unternehmern bei *Capus*, Patriarchen.

[129] Vgl. *Simon/ Wimmer/ Groth*, 59.

benschaltung SPEEDHUB 500/14. Der technische Vorsprung der Produkte, den Bernhard *Rohloff* seinem Erfindungsreichtum verdankt, lässt das Unternehmen am Markt mit deutlich größeren Konkurrenten bestehen. Der designierte Nachfolger, Sohn Mirco *Rohloff*, ist zwar Diplom-Ingenieur. Ob es ihm aber gelingt, die Unternehmensprodukte so weiter zu entwickeln, dass dieser Vorsprung erhalten bleibt, muss die Zukunft weisen.[130]

Beim Kristallkonzern **Swarovski** sucht man noch nach einer Nachfolgerin oder einem Nachfolger für den aus dem operativen Geschäft ausgeschiedenen Gernot *Langes-Swarovski*. Doch bislang konnten dessen Nachfolger, die der fünften Generation der Familie entstammen, noch nicht in seine Fußstapfen treten und zeichneten für eine Vielzahl geschäftlicher Fehlentscheidungen verantwortlich.[131]

Ein drittes Beispiel hierfür mag schließlich die **Lindenmaier & Co. Präzisionsteile aus Messing und Stahl** bei Laupheim abgeben. Der Unternehmensgründer Georg *Lindenmaier* verstarb 1965 im Alter von 76 Jahren. Sein Nachfolger in der Geschäftsleitung wurde dessen 55-jähriger Schwager Hans *Edelmann*. Dieser war geprägt durch die langen Jahre des „Dienens" unter seinem Schwager. Er musste Duldsamkeit üben und häufig genug zurückstehen. Wohl deswegen hielt er eisern an den althergebrachten Methoden der Geschäftsführung fest, die für ihn zu einem Dogma geworden waren. Sein ganzes Denken und Handeln war vom Bewusstsein geprägt, das Unternehmen unbedingt bewahren und an die nächste Generation weitergeben zu müssen. Doch eben diese Haltung hatte eine fatale Folge: Getrieben vom Willen zu Bewahren vermied *Edelmann* jedes Risiko und das Unternehmen wurde von der sich rasant entwickelnden Wirtschaft des Nachkriegsdeutschland einge- und überholt. Im Jahr 1972 schrieb das Unternehmen deshalb bei einem Umsatz von etwa DM 30 Mio. rund DM 2,2 Mio. Verluste - und stand kurz vor dem Ende. Daher trat der Enkel des Firmengründers, Walter *Lindenmaier*, quasi „über Nacht" neben seinem Onkel in die Geschäftsführung des Unternehmens ein.[132]

---

[130] Zur Rohloff AG siehe *Tartler* in: enable 04/2009, 12 ff.
[131] Vgl. *Schwarzer* in: mm 12/2008, 22 f.
[132] Vgl. *Spinnen*, 32 f.

Hinzu kommt die Prägung des Unternehmens durch die überragende Unternehmerpersönlichkeit. Deswegen werden selten Entscheidungskompetenzen aufgebaut, die das Unternehmen unabhängig vom geschäftsführenden Gesellschafter machen. Darunter leidet nicht zuletzt die Risikovorsorge.

Falls der Nachfolger aus der Familie kommen soll, ist das Finden eines geeigneten Nachfolgers problematisch, da die Anzahl derer, aus denen die Auswahl zu bestreiten ist, zwangsläufig begrenzt ist. Zudem tut sich der Unternehmer schwer damit, einen Nachfolger, der aus der Familie kommt, objektiv zu beurteilen. Denn manche Eltern tendieren beispielsweise dazu, ihre Kinder in einem viel zu „rosigen Licht" zu sehen. Deren Schwächen und Unzulänglichkeiten werden dann einfach ausgeblendet. Auf diese Weise werden die Kinder zu Nachfolgern in der Unternehmensleitung - eben einfach weil es die Kinder der Eigentümer sind.

Auf der anderen Seite neigen manche Eltern dazu, ihre Kinder über alle Maßen kritisch zu bewerten. Die Kinder können dann einfach nichts richtig machen - auch wenn sie objektiv vielleicht gut zur Unternehmensführung geeignet sind.

4.1.2 Materielle Aspekte der Unternehmensnachfolge

Neben die Schwierigkeit des Findens eines geeigneten Nachfolgers tritt eine materielle Problematik der Unternehmensnachfolge: Häufig muss nämlich durch die getroffene Nachfolgeregelung die Altersversorgung des Unternehmers sichergestellt werden. Denn das Familienunternehmen stellt häufig den bei Weitem größten Vermögenswert der Familie dar, in den der Großteil der Investitionen geflossen ist - auf Kosten des Aufbaus einer anderen Art der Altersversorgung wie etwa dem Erwerb von Immobilien oder der langjährigen Einzahlung in eine Rentenkasse.[133] Demzufolge stellt das Unternehmen die Hauptquelle für die Versorgung der Familie dar.[134]

---

[133] Vgl. *Kirchdörfer/ Lorz*, DB Beil. 3/ 2004, 1, 2.
[134] Vgl. *Pyschny*, 19.

Das Ziel der Versorgung des Unternehmers kann nun auf verschiedenen Wegen erreicht werden. So kann sich der das Unternehmen Übergebende ein Nießbrauchsrecht vorbehalten. Klassischerweise kann auch die Zahlung von Renten oder dauernder Lasten vereinbart werden. Oder der übergebende Unternehmer kann das Unternehmen ganz einfach an seinen Nachfolger verkaufen. Alle diese Möglichkeiten haben jedoch eines gemeinsam: Es ist eine gewisse Summe liquider Geldmittel nötig, um die Lösung zu verwirklichen. Und diese Liquidität muss in der Regel durch das Unternehmen selbst generiert werden.

4.1.3 Persönliche Schwierigkeit des Rückzugs des Unternehmers

Zu dieser materiellen Komponente der Schwierigkeit der Unternehmensübergabe kommt häufig noch eine Schwierigkeit im persönlichen Bereich des Unternehmers. Denn regelmäßig ist das Unternehmen das Lebenswerk des Unternehmers, seine ureigenste Schöpfung. Die Grenzen zwischen unternehmerischem und privatem Bereich verschwimmen. Die Arbeit im Unternehmen beansprucht oft die bei Weitem meiste Zeit des Unternehmers, nicht selten auf Kosten der Pflege privater Kontakte oder Hobbys. Zieht sich der Unternehmer aus dem Unternehmen zurück, erwartet ihn zunächst eine Leere, die es auszufüllen gilt. Das führt zur Schwierigkeit des Unternehmers, „loslassen" zu können.[135]

4.1.4 Bürde des Nachfolgers

Doch nicht nur der übergebende Unternehmer, auch dessen Nachfolger sieht sich einer schwierigen Situation gegenüber. Oft mag dieser die Verantwortung der Unternehmensführung als Bürde empfinden. Denn das oben bereits beschriebene Bild vom Staffellauf impliziert eine große Verantwortung für die Staffel. Häufig genug gilt es nämlich, das Lebenswerk der Eltern fortzuführen. Diese Verantwortung kann einen großen Druck für den Nachfolger erzeugen.

---

[135] Vgl. *Krohn* in: F.A.Z. v. 16.10.2009, 12.

Sind mehrere Nachkommen vorhanden, mag die Aussicht auf die Unternehmensnachfolge überdies zu Rivalitäten unter den verschiedenen Nachkommen führen.[136] Eine solche Rivalität wiederum erzeugt Druck auf die Nachfolger, dem sie sich nicht immer gewachsen zeigen.

Zudem kann die persönliche Neigung des Nachfolgers in eine völlig andere Richtung gehen. Dennoch wird von ihm - meistens stillschweigend - die Fortführung des Unternehmens erwartet. Dieser Druck erzeugt Spannung und diese entlädt sich nicht selten während des Nachfolgeprozesses. Die Kinder kommen oft gar nicht dazu, sich mit der Frage zu beschäftigen, was sie eigentlich mit ihrem Leben anfangen wollen und wo ihre ureigenen Interessen und Talente liegen. Das Bedürfnis, sich gegen die Erwartungshaltung der Eltern aufzulehnen, kann dann sogar dazu führen, dass gerade unternehmerisch talentierte und autonome Familienmitglieder nicht ins Unternehmen eintreten.

4.1.5 Kollision von familiärem Gerechtigkeitsdenken und Bedürfnissen des Unternehmens

Hinzu kommt das natürliche Bedürfnis der Eltern, die Kinder möglichst gerecht, d. h. gleich zu behandeln.[137] Die Unternehmensbeteiligung wird regelmäßig zudem den größten Anteil am Wert des an die Kinder zu verteilenden Nachlasses ausmachen. Folglich wird es häufig schwierig bis unmöglich sein, einzelne Kinder bei gleicher Erbquote nicht am Unternehmen zu beteiligen. Auf der anderen Seite kann die „ungefilterte" Beteiligung aller Kinder am Unternehmen im weiteren Verlauf von dessen Entwicklung zur Bildung von Gesellschafterstämmen führen.[138]

Die genannten Schwierigkeiten der Eltern kommen jedoch nicht nur bei der Frage zum Tragen, ob die Nachkommen überhaupt am Kapital des Unternehmens beteiligt werden sollen. Beeinflusst von solchen Gerechtigkeitserwägungen wird auch die

---

[136] Vgl. *Krohn* in: F.A.Z. v. 16.10.2009, 12.
[137] Vgl. *Simon* in: *Lange/ Schiereck*, 35, 38; *Wimmer/ Groth* in: *Scherer/ Blanc/ Kormann/ Groth/ Wimmer*, Rn. 34; *Krohn* in: F.A.Z. v. 16.10.2009, 12.
[138] Vgl. *Simon/ Wimmer/ Groth*, 63.

Frage, ob die Eltern einzelnen ihrer Kinder die aktive Tätigkeit für das Unternehmen verwehren, etwa weil sie erkannt haben, dass diese Kinder für die Geschäftsführung oder die sonstige Mitarbeit im Unternehmen ungeeignet sind. Das mag von den betroffenen Kindern als Verhinderung der von ihnen angestrebten Selbstverwirklichung im beruflichen Bereich empfunden werden. Dies umso mehr, als die Tätigkeit als Unternehmer im eigenen, bereits etablierten Unternehmen häufig einen Reiz entfaltet und eine Herausforderung darstellt, die nur wenige andere berufliche Betätigungen in vergleichbarer Weise bieten können.

Entscheiden sich die Eltern dagegen für den vermeintlich „gerechteren" Weg und beteiligen eine Vielzahl von neuen Gesellschaftern am Unternehmen, erhöht das jedenfalls das Risiko von Meinungsverschiedenheiten und somit der Bedarf nach einer Festschreibung von Prozessen zur Entscheidungsfindung. Zudem besteht das Risiko, dass für Kinder, die zur Mitarbeit im Unternehmen an sich ungeeignet sind, zwanghaft ein angemessener Arbeitsplatz gefunden, schlimmstenfalls sogar geschaffen werden muss. Das Kind wird in einem solchen Fall für das Unternehmen tätig und verursacht diesem Kosten ohne einen wirklichen Mehrwert für das Unternehmen generieren zu können. Wegen der Unmöglichkeit einer Entscheidungsfindung, die sowohl im Bereich der Familie als auch im Bereich des Unternehmens als "richtig" empfunden wird, zögern Familienunternehmen die Regelung der Nachfolge häufig zu lange hinaus.[139]

4.1.6 Folge: Zu langes Hinauszögern der Unternehmensübergabe

All diese Faktoren können - wie gesagt - zu einer verspäteten Einleitung der Unternehmensübergabe führen. Das mag daran liegen, dass sich der Unternehmer nicht vom Unternehmen lösen kann. Die Ursache kann aber auch darin liegen, dass auf ein bestimmtes Familienmitglied gewartet wird, welches vom Lebensalter oder von der Lebensplanung her noch nicht zur Übernahme unternehmerischer Verantwortung bereit ist.

[139] Vgl. *Simon/ Wimmer/ Groth*, 29.

Exemplarisch kann die Übergabe von der zweiten auf die dritte Generation beim Privatbankhaus **Sal. Oppenheim jr. & Cie.** betrachtet werden. Die Brüder Simon und Abraham *von Oppenheim* führten das Bankhaus in zweiter Generation. Abraham war kinderlos und so sollten die Söhne von Simon *von Oppenheim*, Eduard und Albert, das Bankhaus in der dritten Generation übernehmen. Doch „die Jahrzehnte bis zum Tod der Vätergeneration waren für Eduard und Albert *von Oppenheim* überschattet durch stete Zurücksetzung und unüberwindliches Mißtrauen, vor allem von Seite ihres Onkels Abraham. Offensichtlich taten sich die älteren und höchst erfolgreichen Bankiers schwer damit, sich die Existenz ihres Hauses über die eigene Lebensspanne hinaus vorzustellen. So wurden Eduard und Albert *von Oppenheim* in den Gesellschaftsverträgen von 1867, 1870 und 1876 zwar mit steigenden Anteilen an Gewinn und Verlust beteiligt, aber nicht in die volle geschäftliche Verantwortung einbezogen. Als sie 1880 endlich Chefs des Bankhauses wurden, war Eduard 49 und Albert *von Oppenheim* 46 Jahre alt."[140]

4.1.7 Schwierigkeit der Akzeptanz des Nachfolgers

Häufig muss der Nachfolger in der Unternehmensführung ein Akzeptanzproblem sowohl bei den übrigen Familienmitgliedern als auch bei der Belegschaft überwinden. Denn jeder neue Unternehmensleiter bringt seinen eigenen persönlichen wie fachlichen Stil mit in das Unternehmen. Die damit einhergehenden Veränderungen werden oftmals insbesondere bei den altgedienten Mitarbeitern auf Kritik und Ablehnung stoßen. Häufig ist dann bei Meinungsverschiedenheiten zwischen diesen altgedienten Mitarbeitern und dem Junior eine Taktik der Umgehung des Juniors zu beobachten: Die Mitarbeiter wenden sich bewusst wieder an den Senior, obwohl der eigentlich gar nicht zuständig ist.

Tut sich der Senior dann auch noch mit einer Übergabe des Unternehmens an den Junior schwer und kritisiert diesen womöglich öffentlich, kann sich das schnell zu einem Problem der Akzeptanz des Nachfolgers auswachsen. Gleiches gilt, wenn der Senior Entscheidungen des Juniors öffentlich in Frage stellt.

---

[140] Vgl. *Sal. Oppenheim jr. & Cie.*, 17.

4.1.8 Nutzen von Corporate Governance-Strukturen für die Unternehmensnachfolge

Zur Lösung der Nachfolgeproblematik mittelständischer Familienunternehmen können funktionierende Corporate Governance-Strukturen einen wichtigen Beitrag leisten. Beispielsweise können im unternehmenseigenen Code of best practice allgemein zu beachtende Grundsätze für die Nachfolgeplanung des Unternehmens festgeschrieben werden. Dort können etwa bestimmte Altersgrenzen für die Personen der Unternehmensführung festgelegt werden, bei deren Erreichen eine Nachfolgeplanung konzipiert oder eine Nachfolge abgeschlossen sein muss. Durch die Statuierung solcher Altersgrenzen wird der Unternehmer zumindest gezwungen, sich mit dem Thema Nachfolgeplanung auseinander zu setzen.

Zudem können über die Offenlegung eines solchen Kodex und ggf. weiteren Erläuterungen dazu die beteiligten Personengruppen rechtzeitig über die Nachfolgeplanung informiert werden. Das gilt insbesondere für die Belegschaft. Damit kann verhindert werden, dass der „Neue" wegen der überraschenden Übergabe des Unternehmens von Anfang an auf offene Ablehnung stößt.[141]

Die Einrichtung eines Beirats kann dem Unternehmer darüber hinaus einen „Rückzugsraum" verschaffen, um sich „in Raten" aus der aktiven Unternehmensführung zurück zu ziehen.[142] Er kann so weiterhin im Unternehmen eine aktive Rolle ausfüllen und initiiert dennoch die Übergabe an die nachfolgende Generation. Auf diese Weise kann auch das einzigartige Wissen des Unternehmers um das Unternehmen für dieses besser konserviert und übertragen werden, als das bei einem plötzlichen Rückzug des Unternehmers aus dem Unternehmen der Fall wäre.

[141] Vgl. *Frank*, 113.
[142] Vgl. *Sigle*, NZG 1998, 619, 621.

4.1.9 Ungeplante Unternehmensnachfolge

Ein noch größeres Problem für das Unternehmen stellt die Bewältigung einer ungeplanten Nachfolge dar. So kommt in Deutschland etwa ein Viertel der Übergabefälle unerwartet, weil der Unternehmenslenker schwer krank wird oder verunglückt.[143] Eine solche ungeplante Nachfolge hatte beispielsweise die Privatbank **Sal. Oppenheim jr. & Cie.** beim Übergang von der fünften auf die sechste Generation zu bewältigen. Denn am 12. Dezember 1952 verstarb der damalige geschäftsführende Gesellschafter Waldemar Freiherr *von Oppenheim* im Alter von 58 Jahren während einer Geschäftsreise ins Ruhrrevier. Um angesichts dieser Schocksituation zu dokumentieren, dass die Haftungsbasis des Familienzweigs unverändert Bestand hat, trat seine Witwe Gabrielle *von Oppenheim* als persönlich haftende Gesellschafterin in das Bankhaus ein. Sie wollte diesen Schritt als Überbrückungsmaßnahme bis zur Aufnahme ihres Schwiegersohnes Georg Baron *von Ullmann* verstanden wissen und verzichtete daher auf jede Teilnahme an der Geschäftsführung.[144]

Der unerwartete Tod Waldemar *von Oppenheims* zwang auch seinen damaligen Mitgesellschafter Robert *Pferdmenges* zu einer Änderung seiner persönlichen Lebensplanung. Denn er hatte für das Jahr 1953 eigentlich sein Ausscheiden als Teilhaber aus der Bank geplant. Aufgrund der geänderten Umstände ließ er sich dann allerdings noch ein weiteres Jahr in die Pflicht nehmen.[145]

Der Beirat kann im Rahmen der ungeplanten Nachfolgefälle einen wichtigen Baustein zur Sicherung der Unternehmensführung bilden. Der Beirat kann in einem solchen Fall etwa selbst als eine Art von Interimsgeschäftsführung fungieren oder zumindest die Einsetzung einer Interimsgeschäftsführung vornehmen und koordinieren. Der Beirat wird somit eine Art von „Notspeicher" für das spezifische Wissen des Unternehmers um das Unternehmen. Zwar ist das Wissen des Unternehmers immer einzigartig. Auch die Beiratsmitglieder, die eben nur in Teilzeit für das Unternehmen tätig sind, können nicht in sämtliche Geschäftstätigkeiten des Unternehmens im sel-

---

[143] Vgl. Institut der deutschen Wirtschaft Köln, Argumente Nr. 11/2006, Grafik 5.
[144] Vgl. *Sal. Oppenheim jr. & Cie.*, 27.

ben Umfang wie die Geschäftsführung eingebunden werden. Dennoch werden sie regelmäßig über die wesentlichen anstehenden unternehmerischen Entscheidungen informiert sein. Zudem verkörpert der Beirat in solchen Unglücksfällen ein handlungsfähiges und „bereits an Bord befindliches“ Organ, das die notwendigen Sofortmaßnahmen vornehmen kann. Mit Hilfe des Beirats bewältigte auch der niedersächsische Hersteller von Taschen **Bree Collection GmbH & Co. KG** seine ungeplante Unternehmensnachfolge.

Das Unternehmen wurde 1970 von Wolf Peter *Bree* in Isernhagen gegründet. Im Jahre 1968 wurde sein Sohn Axel *Bree* geboren, drei Jahre später dessen Bruder Philipp. Wolf Peter *Bree* setzte auf funktionale Ledertaschen aus Rindsleder, die sich vor allem durch ihr schlichtes Design auszeichnen. Innerhalb von zwei Jahrzehnten baute er Bree zu einem Millionenunternehmen aus.

Doch 1996 verstarb der Unternehmensgründer mit nur 51 Jahren völlig unerwartet an einem Herzinfarkt.[146] Seine beiden Söhne Axel und Philipp sowie seine beiden Töchter aus zweiter Ehe erbten auf einen Schlag ein Unternehmen mit EUR 45 Mio. Umsatz im Jahr. Die eigentlichen Zukunftspläne der Söhne waren durchkreuzt, als sie sich entschieden hatten, das Unternehmen nicht zu verkaufen, sondern weiterzuführen. Denn Philipp hatte zu diesem Zeitpunkt gerade sein Betriebswirtschaftsstudium beendet und wollte eigentlich im Ausland Designmanagement studieren. Axel, ebenfalls Betriebswirt, arbeitete als Assistent des Geschäftsführers beim Edel-Türklinkenhersteller FSB in Brakel.

Der Vater hatte vor seinem Ableben einen Verwaltungsbeirat als Beratergremium mit weitreichenden Kompetenzen eingesetzt. Dem Beirat gehörten Jochen *Hahn*, Axel *Leysieffer* und Tui-Chef Michael *Frenzel* an. Das Gremium entschied, dass der Taschenhersteller zunächst von einem Interimsmanager geleitet werden sollte. Vorläufiger Geschäftsführer wurde Heiner *Jordan*, der zuvor die Führungsetagen von Unilever, Reemtsma, Hannen und der Fürstlich Fürstenbergischen Brauerei durchlaufen hatte.

---

[145] Vgl. *Sal. Oppenheim jr. & Cie.*, 34.
[146] Vgl. *Bree* Firmenhistorie, abrufbar unter: http://www.bree.com/index.php?pid=66&l=1 (13.11.09).

Jordan führte Axel und Philipp langsam an das Unternehmen heran. Die beiden durchliefen als Trainees alle Abteilungen und wurden von Beratern auf die bevorstehende Führungsarbeit vorbereitet. Im Jahr 2001 übernahmen die Brüder endgültig die Geschäftsführung. Sechs Jahre später zahlten sie ihre beiden Schwestern aus.[147]

4.2 Finanzierungsfragen

Eine weitere typische Schwierigkeit mittelständischer Familienunternehmen ist die Beschaffung einer ausreichenden Finanzierung. Denn die Inanspruchnahme des öffentlichen Kapitalmarktes ist Familienunternehmen in aller Regel verschlossen.[148] Die Kapitalaufnahme über eine Beteiligungsgesellschaft ist häufig ebenfalls keine praktikable Alternative. Denn die Beteiligungsgesellschaften erwarten nach der Investition des Geldes regelmäßig ein umfangreiches Informations- und Mitspracherecht. Das ist ein Umstand, der mit der Mentalität der meisten Familienunternehmen nur schwer in Einklang zu bringen ist. Zudem sind hohe Zinserwartungen der Beteiligungsgesellschaften in Höhe von 12 % bis 15 % die Regel.

Aus den genannten Gründen bleibt den mittelständischen Familienunternehmen häufig einzig der Weg der Beschaffung von Fremdkapital zur Lösung ihrer Finanzierungsprobleme. Allerdings sind die Banken zunehmend restriktiv in der Vergabe neuer Kredite geworden. Seit Beginn der sogenannten Finanz- und Wirtschaftskrise beklagt laut einer aktuellen Studie des Münchner Ifo-Instituts für Wirtschaftsforschung rund die Hälfte der befragten Unternehmer (42 %) Probleme bei der Durchsetzung ihres Kreditwunsches.[149]

Gleichzeitig sehen sich gerade Familienunternehmen häufig einem besonderen Liquiditätsbedarf gegenüber, der gewissermaßen aus der Sphäre der Familie "hinüberschwappt" ins Unternehmen. Zu denken ist dabei etwa an Abfindungsansprüche wei-

[147] Zum Ganzen *Haida* in: HB v. 30.07.2009, 10.
[148] Vgl. *Hennerkes* in: *Hennerkes*, Uhb FamG, 1, 21.
[149] Vgl. *Marschall* in: FTD v. 30.03.2009, 11. Befragt wurden vom Ifo-Institut 4000 Unternehmen der Industrie, des Bauhauptgewerbes und des Groß- und Einzelhandels im Monat März 2009.

chender Erben oder Unterhalts- und Ausgleichsansprüche geschiedener Ehegatten. Das sind Liquiditätsabflüsse, die es in einer anonymen Kapitalgesellschaft nicht gibt.

Auch hier kann Corporate Governance zumindest zu einer Abmilderung dieser Schwierigkeiten beitragen. Denn durch eine verbesserte Transparenz gegenüber den Kapitalgebern kann gegenseitiges Vertrauen aufgebaut werden. Gleichzeitig kann die Einrichtung eines unabhängigen Kontrollorgans für den Kapitalgeber eine gewisse Gewähr dafür bieten, von allzu waghalsigen Alleingängen des Unternehmers verschont zu bleiben.

Ebenso ist eine Langfristplanung unter Einschluss der Nachfolgeregelung seit Einführung der Basel-II-Regeln zur Unternehmensfinanzierung eine notwendige Voraussetzung, um ein gutes Rating der Bank und damit zinsgünstige Kredite zu erhalten. Sieht das Kreditinstitut die Zukunft des Unternehmens aufgrund der ungeklärten Nachfolge gefährdet, droht sogar eine Aufkündigung von Kreditlinien.

Das soll natürlich nicht heißen, dass Corporate Governance das Allheilmittel für mittelständische Familienunternehmen zur Lösung ihres Finanzbedarfs ist. Aber zumindest können funktionierende Corporate Governance-Strukturen in solchen Unternehmen flankierend die Beschaffung von Kapital erleichtern.

4.3 Konfliktlösung

Familienunternehmen haben eine Vielzahl verschiedener Konflikte zu bewältigen. Denn die Entscheidungsfindung in Familien folgt einer anderen Logik als in Unternehmen.[150] Zwar ist es wahrscheinlich, dass auch unter Familiengesellschaftern die Mehrzahl der entstehenden Meinungsverschiedenheiten und Konflikte ihre Ursache in unterschiedlichen wirtschaftlichen Vorstellungen der Anteilseigner haben wird. Daneben treten dann jedoch noch zusätzlich die originär familiären Konflikte. Diese können zum Beispiel Resultat innerfamiliärer Rivalitäten sein.[151] Häufig werden Kon-

[150] Vgl. *Simon* in: *Lange/ Schiereck*, 35.
[151] Vgl. *Frank*, 108.

flikte, die ihre Ursache in den familiären Nähebeziehungen haben, auf die Ebene des Unternehmens verlagert.[152]

Als Beispiel für eine solche Verlagerung originär familiärer Konflikte in den Bereich des Unternehmens mag die Kaufhausdynastie Wertheim dienen. Anfang des 20. Jahrhunderts waren die Brüder Georg, Wilhelm, Franz und Wolf *Wertheim* Gesellschafter der **offenen Handelsgesellschaft A. Wertheim**.

Anfang des Jahres 1904 heiratete der jüngste Bruder Wolf *Wertheim* gegen den Willen der übrigen Familie die elegante Gertrud *Pinkus*. Gertrud *Pinkus* veröffentlichte unter ihrem Pseudonym "Truth" ebenso geschwätzige wie erfolgreiche Gesellschaftsromane, die um Liebe, Verrat, Ehre und eine Menge Klatsch kreisten. Dabei war die Ähnlichkeit der erfundenen Charaktere zu real existierenden Personen nicht zu übersehen und so sorgten die Romane regelmäßig für Skandale in der "besseren Gesellschaft".[153]

Auch Gertrud *Pinkus* selbst liebte den öffentlichen Auftritt und hatte ein bewegtes Leben hinter sich. Hinzu kam, dass „die Ehe Wölfleins mit der Truth ... mit einem kolossalen Aufwand verbunden ist [war], der selbst Leuten, die über ein Jahreseinkommen von mehreren Millionen verfügen, zuviel erscheint. Madame Truth soll nicht nur modern über die Ehe denken, sondern einen Aufwand treiben, dem auch ein Wertheim auf die Dauer nicht standhalten kann.“[154]

Weil sie um den guten Ruf von Firma und Familie fürchteten, sprachen sich Mutter und Brüder vehement gegen die Verbindung Wolf *Wertheims* zu Gertrud *Pinkus* aus. Als der trotzdem zu seiner Verlobten stand und sie heiratete, kam es zum Streit in der Familie.[155] Zum 1. Januar 1909 reichten die drei anderen Brüder Klage gegen Wolf *Wertheim* auf Aufhebung des Gesellschaftsvertrags ein. Wolf *Wertheim* sollte hierdurch im Interesse des Geschäfts aus der Firma ausscheiden. Hiergegen richtete

---

[152] Vgl. *Hennerkes/ Kirchdörfer* in: *Hennerkes*, Uhb FamG, 61, 64; *Krohn* in: F.A.Z. v. 16.10.2009, 12.
[153] Vgl. „Der Bruderzwist im Hause Wertheim“ in: Die Wahrheit v. 25.07.1908, 1.
[154] „Der Bruderzwist im Hause Wertheim“ in: Die Wahrheit v. 25.07.1908, 1.
[155] Vgl. *Fischer/ Ladwig-Winters*, 134-137 und 147-150.

er zunächst einen Einspruch,[156] doch infolge des Prozesses schied Wolf *Wertheim* schließlich aus dem Unternehmen aus.[157]

Auch der Komplex der Unternehmensnachfolge birgt Konfliktpotenzial in sich. Insbesondere die nicht in der Geschäftsführung berücksichtigten Familienmitglieder können sich leicht zurückgesetzt fühlen. Dieses Gefühl kann sich auch gegenüber Nicht-Familienmitgliedern in der Geschäftsführung einstellen. Die Ablehnung kann hier aufgrund der fehlenden familiären Verbundenheit sogar noch schärfer ausfallen.[158]

Die Konfliktlage wird häufig durch die prinzipielle Unkündbarkeit der familiären Nähebeziehung verschärft. Denn während Bindungen im geschäftlichen Verkehr grundsätzlich zur Disposition der beteiligten Personen stehen, kann die Zugehörigkeit zu einer Familie nicht „gekündigt" werden. Die damit verbundene „Unausweichbarkeit" der beteiligten Personen erhöht das Risiko der Konfliktentstehung.[159] Daher weisen familiäre Konflikte zumeist eine besondere Schärfe auf.[160]

Funktionierende Corporate Governance-Strukturen können einen Beitrag dazu leisten, solche Konflikte zu versachlichen und damit zu entschärfen.[161] Darüber hinaus können solche Strukturen Mechanismen zur gültigen Streitbeteiligung bereit stellen. So kann etwa ein Kontrollorgan wie der Beirat gleichzeitig auch als Streitschlichtungsorgan fungieren. Überdies kann dem Beirat in Pattsituationen die Letztentscheidungsbefugnis eingeräumt werden.[162] Eine solche Regelung wurde etwa bei der **Leopold Kostal GmbH & Co. KG** getroffen.[163] Damit können Situationen gegenseitiger Blockade verschiedener Gesellschafter oder Gesellschafterstämme überwunden werden. Gleichzeitig können in einem unternehmenseigenen Code of best practice und im Gesellschaftsvertrag generalisierte Regelungen zur Streitbeilegung vorgegeben werden.[164]

---

[156] Vgl. „Der Bruderzwist im Hause Wertheim" in: Die Wahrheit v. 25.07.1908, 2.
[157] Vgl. *Fischer/ Ladwig-Winters*, 147-150.
[158] Vgl. *Frank*, 113.
[159] Vgl. *Fabis*, 56.
[160] Vgl. *Lange* FS *Hennerkes*, 135, 139 f.
[161] Vgl. *Lange*, BB 2005, 2585, 2589.
[162] Vgl. *Lorz/ Kirchdörfer*, Kap. 5 Rn. 19.
[163] Vgl. *Simon/ Wimmer/ Groth*, 55 f.
[164] Vgl. *Hennerkes/ Kirchdörfer* in: *Hennerkes*, Uhb FamG, 61, 64.

Ein raffinierter Mechanismus zur Konfliktlösung existiert beispielsweise bei der **wenglor sensoric gmbh**, Tettnang. Der geschäftsführende Gesellschafter Dieter *Baur* hat zwei Söhne, die beide im Unternehmen aktiv werden wollen. In dieser Konstellation gilt der folgende Prozess der Entscheidungsfindung: Solange sich beide Söhne einig sind, können sie eine Entscheidung ohne Mitwirkung des Vaters treffen. Sind sich aber die beiden Söhne über eine zu treffende Entscheidung uneins, so wird sie durch den Vater alleine getroffen. Nach dem Tod des Vaters soll diese Entscheidungsgewalt auf dessen Ehefrau übergehen.[165]

4.4 Risikomanagement

4.4.1 Besonderes Interesse der Gesellschafter am Erhalt des Familienunternehmens

Die Gesellschafter mittelständischer Familienunternehmen haben häufig ein besonderes Interesse am langfristigen Erhalt des Unternehmens.[166] Daher setzen sie oft strategische Zielsetzungen vor kurzfristige Ausschüttungsinteressen. Typisch ist eine Tendenz zu langfristigen Investitionen in das Unternehmen.[167] Ein Beispiel dafür ist die in Biberach an der Riss ansässige **Albert Handtmann Holding GmbH & Co. KG**. Deren Gesellschafter, Vater Arthur und Sohn Thomas *Handtmann*, formulierten das in einer Schrift zum 135-jährigen Jubiläum des Unternehmens so: „Die handtmann Gruppe setzt bei ihrer Strategie weiterhin auf Spitzentechnologie, Innovationen, das langfristige strategische Denken eines Familienbetriebs und eine hohe Verantwortung gegenüber Mensch und Gesellschaft."[168]

In ähnlicher Weise führen die beiden Gesellschafter im Vorwort der Festschrift zum 50-jährigen Jubiläum der Albert Handtmann Maschinenfabrik GmbH & Co. KG[169] aus: „Die alten Tugenden haben uns groß gemacht. Die Bewahrung dieser Werte,

---

[165] Dieter *Baur* im Interview mit dem Verfasser vom 30. Oktober 2009.
[166] Vgl. *Iliou*, GmbHR 2009, 81 f.
[167] Vgl. *Albert Handtmann Maschinenfabrik GmbH & Co. KG*, Vorwort.
[168] *Handtmann Unternehmensgruppe*, handtmann report, 1.
[169] Siehe Fn. 167.

zusammen mit neuen technologischen Meilensteinen, verstehen wir als unsere Aufgabe für die nächsten Jahrzehnte."

In eine ähnliche Zielrichtung ging der Verkauf ihrer Versicherungsbeteiligungen durch die Privatbank **Sal. Oppenheim jr. & Cie.** im Jahre 1989. Dabei kam es den Gesellschaftern vornehmlich darauf an, die Eigenständigkeit von Sal. Oppenheim jr. & Cie. als Privatbankiers auch im europäischen Binnenmarkt langfristig zu sichern. Daher wurde auch das Eigenkapital in diesem Zug von DM 180 Mio. auf DM eine Milliarde erhöht.[170]

4.4.2 Besonderes Risiko des Fehlschlagens geschäftlicher Entscheidungen bei mittelständischen Familienunternehmen

Mittelständische Familienunternehmen sind aufgrund ihrer unklaren und häufig auf einzelne Personen zugeschnittenen Entscheidungsstrukturen regelmäßig größeren Risiken von Fehlentscheidungen ausgesetzt als andere Unternehmen.[171] Denn der Vorteil kurzer Entscheidungswege[172] bringt als Kehrseite ein erhöhtes Risiko von Entscheidungen mit sich, die ohne zureichende Abwägung aller bestehenden Möglichkeiten getroffen wurden.[173] Überdies tun sich die Gesellschafter von Familienunternehmen aufgrund der persönlichen Nähebeziehung zum Unternehmen bei manchen Entscheidungen schwerer, diese emotionsfrei und rein sachbezogen zu treffen.[174]

Ein historisches Beispiel für ein solches Fehlschlagen geschäftlicher Entscheidungen ist das Schicksal der in Augsburg und Nürnberg ansässig gewesenen **Welser'sche Handelsgesellschaft**. Neben den *Fuggern* gehörten die *Welser* im 16. Jahrhundert zu den bedeutendsten und einflussreichsten Patrizierfamilien in Süddeutschland. Ihr Unternehmen könnte im heutigen Jargon als Mischkonzern bezeichnet werden. Sie

[170] Vgl. *Sal. Oppenheim jr. & Cie.*, 41.
[171] Vgl. *Lange* FS *Hennerkes*, 135, 139.
[172] Vgl. *Hennerkes* in: *Hennerkes*, Uhb FamG, 1, 20 f.; *Hennerkes* in: *Böllhoff/ Krüger/ Berni*, 151, 154.
[173] Vgl. *Lange*, BB 2005, 2585, 2586.
[174] Vgl. *Sigle*, NZG 1998, 619, 621; *Iliou*, GmbHR 2009, 81, 82.

betrieben einen schwunghaften Handel mit Gewürzen und Farben, Bergbau und einen Geldverleih an europäische Herrscher.

Die Erfolge der Vergangenheit verleiteten die *Welser* zu einer riskanten Transaktion: Gegen eine Geldanleihe erhielten die Augsburger *Welser* 1528 von Kaiser *Karl V.* als befristetes Lehen die Statthalterschaft über die Provinz Venezuela. Die Familie erhoffte sich dadurch Profite aus den dortigen Bodenschätzen, Perlen, Edelhölzern und auch aus dem Sklavenhandel. Doch die hochgesteckten Erwartungen erfüllten sich nicht. Insbesondere die Suche nach dem sagenumwobenen El Dorado erwies sich als kostspieliger Fehlschlag und so brach die Herrschaft der *Welser* über Venezuela im Jahr 1554 zusammen.

Hinzu kam die traditionell enge Bindung der *Welser* an das Haus Habsburg. Die *Welser* verliehen den *Habsburgern* einen riesigen, letztlich nicht eintreibbaren Geldbetrag. Damit trieben die *Habsburger* die *Welser* und ihr Unternehmen endgültig in den Ruin. Bereits 1610 wurde die Welser'sche Handelsgesellschaft in Nürnberg aufgelöst, und nur vier Jahre später, am 1. Juli 1614, mussten auch die Augsburger *Welser* ihre Zahlungsunfähigkeit offenbaren.[175]

4.4.3 Entscheidungskontrolle durch Corporate Governance-Strukturen

Durch Corporate Governance-Strukturen kann eine verbesserte Kontrolle der "vom Unternehmer" getroffenen Entscheidungen sichergestellt werden. Denn durch die Einrichtung solcher Strukturen können etwa Zustimmungserfordernisse weiterer Gremien, wie z. B. eines Beirats, etabliert werden. Dadurch kann der Gefahr der „Betriebsblindheit“ vorgebeugt werden und der Beirat hat die Möglichkeit, von der Geschäftsführung bislang nicht bedachte Aspekte der Entscheidung in die Abwägungen des Für und Wider einzubeziehen.[176] Wird nicht so weit gegangen, Zustimmungserfordernisse festzuschreiben, so kann der Unternehmer zumindest verpflichtet werden, die zu treffende Entscheidung mit einem beratenden Gremium

[175] Vgl. DAMALS 7 – 2009, 8.
[176] Vgl. *Lange*, GmbHR 2006, 897, 900.

zu besprechen. Das kann zumindest zu einem „heilsamen Zwang“ des Unternehmers führen, gegenüber dem Beirat und letztlich auch sich selbst die Entscheidung zu begründen.[177]

Darüber hinaus kann der kontrollierende bzw. überwachende Beirat eine wichtige Funktion im Risikomanagementsystem des Unternehmens übernehmen. Denn der Beirat kann Fehlentwicklungen des Unternehmens erkennen und diesen gegensteuern. Das Risikomanagement kann in zwei Richtungen wirken: Zum einen kann versucht werden, das sog. risikoinduzierende Ereignis zu vermeiden und somit die Realisierung eines Risikos überhaupt zu verhindern. Zum anderen kann an der wirkungsbezogenen Komponente angesetzt und Anstrengungen unternommen werden, die Folgen eines eingetretenen Risikos zu minimieren.[178] Dadurch können, bei rechtzeitigem Erkennen der Fehlentwicklung bzw. des Risikos, Schäden für das Unternehmen vermieden oder, bei frühzeitiger Erkennung, zumindest minimiert werden.

Insofern können Corporate Governance-Strukturen einen Baustein im Risikomanagement mittelständischer Familienunternehmen bilden.

4.5 Ergebnis

Es lässt sich also feststellen, dass Corporate Governance-Strukturen auch für mittelständische Familienunternehmen Nutzen bringen können. Werden die mittelständischen Familienunternehmen von einem Fremdmanagement geführt, kommt Corporate Governance dort die "klassische" Funktion der Vorsorge gegen Machtmissbrauch des Managements zu. Allerdings kommt bei den mittelständischen Familienunternehmen immer noch eine zweite Dimension hinzu: Die Verhinderung des Machtmissbrauchs der Anteilseigner durch kluge Selbstbeschränkung.[179]

---

[177] A.A. *Buth/ Hermanns*, DStR 1996, 597, 600 und 601 (dort Fn. 80), die einen kontrollierenden Beirat nur bei (auch teilweiser) fehlender Personenidentität von Kapitalgebern und Unternehmensleitung für sinnvoll erachten.

[178] Vgl. *Schröder*, DB 2008, 1981.

[179] Ebenso *May* in: F.A.Z. v. 20.04.2009, 12; *Lange* FS *Hennerkes*, 135, 140.

5. Implementierung von Corporate Governance-Strukturen in mittelständischen Familienunternehmen

Fraglich ist nun, auf welchem Weg funktionierende Corporate Governance-Strukturen in mittelständischen Familienunternehmen implementiert werden können. Dazu ist die Verwendung und ein Zusammenspiel verschiedener Instrumente denkbar. Beispielhaft sollen einige Ideen hinsichtlich solcher Instrumente skizziert werden.

5.1 Einrichtung eines Beirats

Einen besonderen Bestandteil der Corporate Governance-Debatte bildet die Frage nach der Einrichtung und Stärkung eines Organs für die Kontrolle der Geschäftsleitung. Ein solches Organ kann bei mittelständischen Familienunternehmen der Beirat sein.

5.1.1 Begriffsbestimmung

Der Beirat kann als organschaftlicher Beirat im Gesellschaftsvertrag selbst verankert sein oder auf schuldrechtlicher Grundlage errichtet werden. Im letzteren Fall sind die Mitglieder des Beirats dem Unternehmen lediglich aufgrund einer außerhalb des Gesellschaftsvertrags geschlossenen schuldrechtlichen Vereinbarung verpflichtet.[180] Ein echtes Organ der Gesellschaft wird der Beirat nur, wenn er durch den Gesellschaftsvertrag selbst vorgesehen und mit Kompetenzen ausgestattet ist. Wird der solchermaßen eingerichtete Beirat darüber hinaus mit Kontrollbefugnissen ausgestattet, spricht man von einem Aufsichtsrat.[181]

Der Beirat kann als Organ der Gesellschaft oder als Organ einer bestimmten Gesellschaftergruppe, z. B. der Gesamtheit der Kommanditisten, ausgestaltet werden. Eine

---

[180] Vgl. *Fabis*, 89; Münch. Hdb. GesR III/ *Marsch-Barner/ Diekmann*, § 49 Rn. 3.

[181] Vgl. *Spindler/ Kepper*, DStR 2005, 1738, 1741; Münch. Hdb. GesR III/ *Marsch-Barner/ Diekmann*, § 48 Rn. 49.

Gestaltung als Organ einer bestimmten Gesellschaftergruppe wird jedoch nur ausnahmsweise in Betracht kommen.[182]

Auch dann, wenn der Beirat im Gesellschaftsvertrag selbst verankert wird, sollte die detaillierte Beschreibung von dessen Aufgaben sowie dessen organisatorischer Rahmen am besten in einer Beiratsordnung zusammen gefasst werden, die mit einfachem Gesellschafterbeschluss erlassen werden kann. Die Beiratsordnung kann dann einen Bestandteil des unternehmenseigenen Code of best practice bilden.[183]

Für die Gesellschaftsform der oHG, der KG und damit auch der GmbH & Co. KG finden sich keine gesetzlichen Regelungen zum Aufsichtsrat oder Beirat. Lediglich das Recht der GmbH kennt mit § 52 GmbHG eine Vorschrift über den fakultativen Aufsichtsrat, die in Teilen auf das Recht des Aufsichtsrats der AG verweist. Deshalb wird die Norm dem Beirat oder Aufsichtsrat eines mittelständischen Familienunternehmens in den seltensten Fällen gerecht und sollte daher entweder ganz abbedungen oder zumindest erheblich modifiziert werden, um den Besonderheiten des jeweiligen Unternehmens Rechnung tragen zu können.[184]

Eine weitere Besonderheit gilt es für den Beirat einer GmbH & Co. KG zu beachten: Hier kommt nämlich die Einrichtung eines organschaftlichen Beirats entweder bei der KG oder bei der Komplementär-GmbH oder bei beiden Gesellschaften in Betracht. Letzteres findet sich gelegentlich bei beteiligungsidentischen GmbH & Co. KGs, wobei der Beirat dann häufig personenidentisch besetzt wird.

Bei der GmbH & Co. KG wird der Beirat bereits aus steuerlichen Gründen stets bei der KG einzurichten sein. Denn gemäß § 10 Nr. 4 KStG sind die Vergütungen, die an die Mitglieder des Beirats bezahlt werden, bei der GmbH im Gegensatz zur KG nur zur Hälfte steuerlich abzugsfähig. Die Einrichtung des Beirats bei der GmbH führt somit zu einer u. U. erheblichen steuerlichen Mehrbelastung. Das gilt nicht für den Beirat, der lediglich aus Gesellschaftern besteht. Denn Vergütungen an Gesell-

[182] Vgl. BGH, Urt. v. 22.10.1984 – II ZR 2/84, NJW 1985, 1900.
[183] Dazu sogleich unter Ziffer 5.2.
[184] Vgl. *Buth/ Hermanns*, DStR 1996, 597, 601.

schafter-Beiratsmitglieder sind in keinem Fall absetzbar, sondern stellen einen Vorweggewinn nach § 15 Abs. 1 Nr. 2 EStG dar.[185]

5.1.2 Aufgaben des Beirats

Der Umfang der auf den Beirat zu übertragenden Aufgaben ist naturgemäß abhängig von dessen Funktion.

5.1.2.1 Beratender Beirat

Der Beirat kann als rein beratendes Gremium eingerichtet werden.[186] Der Beirat übt dann häufig eine sog. ungerichtete Beratung aus. Er begleitet die bedeutsamen Entscheidungsprozesse innerhalb des Unternehmens und die Unternehmensleitung macht sich auf diese Weise das fachliche Wissen und die Erfahrung der Beiratsmitglieder nutzbar. Selten ist hingegen die sog. gerichtete Beratung durch einen Beirat. Die gerichtete Beratung ist die gezielte Beratung der Unternehmensleitung im Hinblick auf ein konkretes Projekt, d. h. im Hinblick auf ein abgegrenztes Entscheidungsfeld. Für eine solche Art der Beratung werden sich im Allgemeinen externe Dienstleister, wie etwa Unternehmensberatungen, besser eignen. Denn diese können deutlich flexibler in dem Projekt eingesetzt und aus diesem abberufen werden, als das bei einem Beirat, insbesondere bei einem organschaftlichen Beirat, möglich ist.

Während sich die größeren der mittelständischen Unternehmen vornehmlich die strategische Beratung durch den Beirat zu Nutze machen, kann der Beirat in kleineren mittelständischen Unternehmen sogar bestimmte, dort fehlende Stabsstellen ersetzen, falls dem Gremium entsprechend qualifizierte Experten angehören.

---

185 Vgl. *Blaum* in: Westermann Hdb PersG Rz. I 3234.

186 Vgl. MünchHdb. KG/ *Mutter*, § 8 Rn. 17; zu dieser Funktion ausführlich *Buth/ Hermanns*, DStR 1996, 597, 598 f.

5.1.2.2 Kontrollierender Beirat

Seit Inkrafttreten des KonTraG hat der Vorstand einer AG - wie bereits dargestellt - nach § 91 Abs. 2 AktG ein Überwachungssystem einzurichten, damit den Fortbestand der Gesellschaft gefährdende Entwicklungen früh erkannt werden. Bei kleinen Gesellschaften ist die Einrichtung eines umfassenden unternehmensinternen Kontrollsystems wirtschaftlich jedoch häufig nicht angebracht. Hier kann ein Beirat die - auch bei diesen Gesellschaften notwendige - unternehmensinterne Kontrollinstanz darstellen, durch die Fehlentwicklungen des Unternehmens frühzeitig erkannt werden können. Denn je frühzeitiger Risiken identifiziert werden können, desto besser kann ihnen in der Regel begegnet werden.

Diese Funktion wird der Beirat allerdings nur dann auch tatsächlich ausfüllen können, wenn er vom Management akzeptiert wird und eng mit diesem zusammen arbeitet.[187] Denn zu einem frühen Zeitpunkt weisen normalerweise nur schwache Signale auf das Bestehen von Risiken hin.[188] Daher ist für die Ausübung einer wirksamen Risikokontrollfunktion die laufende Information des Beirats über die geschäftlichen Entwicklungen des Unternehmens unerlässlich.

Ferner wird es dann sinnvoll sein, einzelne besonders bedeutsame Entscheidungen der Geschäftsführung unter einen Zustimmungsvorbehalt des Beirats zu stellen.[189] Das ist die Lehre, die aus den Änderungen des § 111 Abs. 4 AktG gezogen werden kann.[190] Denn nur so ist sicher gestellt, dass der Beirat auch tatsächlich über die herausragenden geschäftlichen Vorgänge informiert und in den Entscheidungsprozess eingebunden ist. Hierzu sollte ein Katalog in die Beiratsverfassung aufgenommen werden, der die zustimmungspflichtigen Geschäfte möglichst exakt umschreibt. Wenig praktikabel ist hingegen die Aufnahme von Generalklauseln, wonach alle „außergewöhnlichen“ oder „über das normale Maß hinausgehenden“ Geschäfte der Zu-

---

[187] Vgl. *Frank*, 111 (dort Fn. 179).
[188] Vgl. *Schröder*, DB 2008, 1981, 1982.
[189] Vgl. Münch. Hdb. GesR III/ *Marsch-Barner/ Diekmann*, § 48 Rn. 52; *Blaum* in: Westermann Hdb PersG Rz. I 3230; kritisch zu solchen Zustimmungskatalogen *Buth/ Hermanns*, DStR 1996, 597, 600; *Hennerkes/ Binz/ May*, DB 1987, 469, 470.
[190] Siehe oben unter Ziffer 3.1.4.

stimmung des Beirats unterliegen. Solche unklaren Formulierungen führen nämlich häufig zu einer Verunsicherung der Geschäftsführung, welches Geschäft als so außergewöhnlich zu qualifizieren ist, dass es dem Beirat zur Zustimmung vorgelegt werden müsste.

5.1.2.3 Beirat als Streitschlichter

Darüber hinaus kann der Beirat auch als Organ der Streitvermeidung und des intrafamiliären Ausgleichs fungieren. Der Beirat kann die Funktion übernehmen, auseinanderstrebende Gesellschafterinteressen zu koordinieren. So ist etwa anerkannt, dass es gesellschaftsvertraglich möglich ist, eine Klage unter den Gesellschaftern nur zuzulassen, wenn zuvor der Beirat angerufen wurde und dieser einen Schlichtungsversuch unternommen hat.[191]

Bei der Übertragung einer solchen Streitschlichtungsfunktion auf den Beirat ist Folgendes zu beachten: Oft entsenden die verschiedenen Gesellschaftergruppen jeweils einen Repräsentanten in den Beirat. Dieser soll - so die Erwartung - die Interessen der hinter ihm stehenden Gesellschaftergruppe im Beirat vertreten. Damit besteht dann aber die Gefahr, dass sich die Streitigkeiten von der Ebene der Gesellschafterversammlung schlicht und einfach auf die Ebene des Beirats verlagern.[192] Eine wirksame Streitschlichtungsfunktion kann der Beirat in einem solchen Fall nicht mehr ausüben. Deswegen ist darauf zu achten, dass der Beirat in einem solchen Fall auch tatsächlich als gesellschafterübergreifendes, neutrales Gremium etabliert wird. Den Entsenderechten vorzuziehen ist es daher, den Beirat von der Gesellschafterversammlung wählen zu lassen.[193]

Eine andere Möglichkeit besteht darin, dass nur ein Teil der Beiratsmitglieder von den Gesellschaftern entsandt und der verbleibende Teil durch Kooptation ergänzt wird. Eine solche Regelung findet sich etwa bei der **wenglor sensoric gmbh**. Das Unternehmen steht im Eigentum von zwei Familienstämmen, wobei jeder Stamm ein

---

[191] Vgl. BGH, Urt. v. 04.07.1977 – II ZR 55/76, BB 1977, 1321 f.; *Baumbach/ Hopt/ Hopt*, § 163 Rn. 14; *Schilling* in: Großkomm HGB, § 163 Rn. 21.
[192] Vgl. *Hennerkes/ May*, NJW 1988, 2761, 2762.

Beiratsmitglied in den dreiköpfigen Beirat entsenden darf. Diese beiden Beiratsmitglieder haben sich sodann auf ein drittes Beiratsmitglied zu verständigen.[194] Selbst dann besteht allerdings noch immer die Gefahr, dass der als Streitschlichtungsorgan fungierende Beirat nach der ersten kritischen Streitentscheidung zugunsten der einen oder der anderen Partei in den Augen der unterlegenen Partei „verbrannt" ist und zum Lager der obsiegenden Partei gerechnet wird.

5.1.2.4 Der Einsatz des Beirats im Rahmen der Unternehmensnachfolge

Im Rahmen der Nachfolgeplanung ist es denkbar, den Beirat in die Auswahlentscheidung des Nachfolgers einzubeziehen. Denn der Beirat kann sich bei der Bestimmung des Nachfolgers eher durch Sachkriterien leiten lassen, als das Familienmitgliedern möglich ist.[195] Denkbar ist es beispielsweise, den vom Unternehmer ausgewählten Nachfolger einem Zustimmungsvorbehalt des Beirats zu unterstellen. Ebenso kann, wenn der Gesellschaftsvertrag vorschreibt, dass von mehreren Erben nur einer Gesellschafter werden kann, dem Beirat die Auswahl übertragen werden, welcher Erbe das sein soll.[196]

Dabei ist freilich eines zu beachten: Das Unternehmen gehört der Familie. Daher ist es mit deren Selbstverständnis häufig - und in legitimer Weise - nicht in Einklang zu bringen, einem Dritten die Entscheidung darüber zu belassen, ob das Unternehmen in der Familie weitergegeben werden kann oder nicht. So konnten es sich sowohl Dr. Antje *von Dewitz*[197] (**VAUDE Sport GmbH & Co. KG**, Tettnang) als auch Dieter *Baur*[198] (**wenglor sensoric gmbh**) nicht vorstellen, die Auswahlentscheidung über ihren Nachfolger oder ihre Nachfolgerin etwa auf den Beirat zu verlagern. Herr *Baur* führte dazu lakonisch aus, er könne zwar in der Tat nicht sicher sagen, ob er seine Nachfolger zutreffend beurteilen könne. Allerdings könne er sich auch nicht

---

[193] Vgl. *Hennerkes/ May*, NJW 1988, 2761, 2762.
[194] Dieter *Baur* im Interview mit dem Verfasser vom 30. Oktober 2009.
[195] Vgl. *Hennerkes/ May*, NJW 1988, 2761, 2762.
[196] Vgl. *Schilling* in: Großkomm HGB, § 163 Rn. 21.
[197] Im Interview mit dem Verfasser vom 2. Oktober 2009.
[198] Im Interview mit dem Verfasser vom 30. Oktober 2009.

vorstellen, dass dies eine dritte Person oder ein Gremium zweifelsfrei tun können. Somit fühle er sich zumindest nicht schlechter zu einer solchen Entscheidung befähigt.

Der Beirat kann darüber hinaus dem „Junior" die Übernahme der Geschäftsführung erleichtern. Denn im Idealfall handelt es sich um ein kompetentes Gremium, das den „Stabwechsel" emotionslos und unabhängig begleiten kann.

Schließlich kann dem Beirat im Rahmen der Bewältigung ungeplanter Nachfolgefälle die Funktion zufallen, als Interimsgeschäftsführung zu fungieren, solange bis ein Nachfolger gefunden ist. Der Beirat muss dann das Unternehmen vor einer Führungslosigkeit bewahren und den Geschäftsbetrieb „am Laufen halten".[199] Gleichzeitig muss er dem Unternehmensumfeld Vertrauen in dessen Kontinuität vermitteln.

5.1.3 Grenzen der Zuständigkeitsverlagerung

Welche Kompetenzen auf den Beirat übertragen werden sollten, lässt sich nicht allgemein und für jeden denkbaren Fall sagen. Jedenfalls sind - abhängig von der gewählten Rechtsform - bestimmte Grenzen der Zuständigkeitsverlagerung auf den Beirat zu beachten.

So gilt die Grundregel der Unmöglichkeit der Zuweisung von Aufgaben an ein Organ, welches diese Aufgaben der Sache nach nicht wahrnehmen kann. Die Rechtsprechung führt als Beispiel für einen solchen Fall die Übertragung der Entscheidung über seine eigene Entlastung oder Abberufung auf den Geschäftsführer an.[200] Daraus kann gefolgert werden, dass auch der Beirat nicht über seine eigene Entlastung entscheiden kann.

Ebenso können solche Aufgaben nicht an ein Organ, wie etwa den Beirat, delegiert werden, für die zwingend andere Organe der Gesellschaft zuständig sind.[201] Bei der

---

[199] Vgl. *Hinterhuber/ Minrath*, BB 1991, 1201, 1204.
[200] Vgl. BGH, Urt. v. 25.02.1965 – II ZR 287/63, BGHZ 43, 261, 264.
[201] Vgl. *Müller/ Wolff*, GmbHR 2003, 810; *Lutter* in: *Lutter/ Hommelhoff*, § 52 Rn. 117.

zwingenden Zuständigkeit anderer Organe ist weiter danach zu unterscheiden, ob das notwendige Organ zur Wahrnehmung der Aufgabe ausschließlich zuständig ist. Ist das der Fall, scheidet eine Übertragung dieser Aufgabe an den Beirat aus, auch wenn das notwendige Organ neben dem Beirat weiterhin zuständig bliebe.

Anders kann der Fall aber liegen, wenn eine konkurrierende Zuständigkeit bejaht werden kann. Dann könnte die Kompetenz auf den Beirat übertragen werden, wenn daneben das notwendige Organ zuständig bliebe.[202] In der Regel werden solche konkurrierenden Zuständigkeiten wegen der Verdoppelung des anzustellenden Aufwands jedoch zu Ineffizienzen führen. Gerade die im Rahmen der vorliegenden Ausführungen betrachteten mittelständischen Unternehmen werden sich solche Ineffizienzen aber nicht leisten können, so dass konkurrierende Zuständigkeiten vermieden werden sollten.

Die exakte Abgrenzung zulässiger Kompetenzverlagerung auf den Beirat kann jedoch im Detail nicht losgelöst von der jeweiligen Gesellschaftsform vorgenommen werden. Deshalb sollen nachfolgend die Grenzen von Kompetenzverlagerungen auf den Beirat bei den Gesellschaftsformen, die mittelständische Familienunternehmen bevorzugen, kurz dargestellt werden.

5.1.3.1 Grenzen der Zuständigkeitsverlagerung bei der GmbH

Bei der GmbH etwa ist der Geschäftsführer im GmbH-Gesetz als eigenständiges Organ mit bestimmten Rechten und Pflichten ausgestaltet. Manche dieser Pflichten obliegen dem Geschäftsführer der GmbH im öffentlichen Interesse und sind deshalb nicht an ein anderes Organ delegierbar.[203] Das sind die Zuständigkeiten zur Vornahme von Anmeldungen zum Handelsregister (§ 78 GmbHG), zur ordnungsgemäßen Buchführung und zur Aufstellung und Vorlage des Jahresabschlusses und des Lageberichts nach § 41 GmbHG, § 42 a GmbHG, zur Information des Handelsregisters nach § 40 Abs. 1 GmbHG sowie zur Stellung des Insolvenzantrags nach § 64

[202] Vgl. *Thümmel*, DB 1995, 2461, 2462.
[203] Vgl. *Müller/ Wolff*, GmbHR 2003, 810, 813.

Abs. 1 GmbHG. Diese Pflichten sind dem Geschäftsführer der GmbH zu eigenverantwortlicher Erfüllung überwiesen, so dass auch eine konkurrierende Zuständigkeit zur Wahrnehmung der Verpflichtungen gemeinsam mit einem anderen Organ ausscheidet.[204]

Wesentlich unschärfer wird die genaue Abgrenzung der an den Beirat delegierbaren Aufgaben, wenn die Frage gestellt wird, welche Rechte und Pflichten zwingend der Gesellschafterversammlung vorbehalten bleiben müssen.[205]

Grundlegende Bedeutung hat in diesem Zusammenhang die sogenannte Kernbereichslehre, wonach ein Kernbereich unveräußerbarer Mitgliedschaftsrechte zwingend bei den Gesellschaftern verbleiben muss und entsprechende Zuständigkeiten deshalb nicht in ausschließlicher Zuständigkeit an den Beirat delegiert werden können.[206] Zu diesen unveräußerlichen Rechten der Gesellschafter gehört die Kompetenz zu Änderungen des Gesellschaftsvertrags. Eine konkurrierende Zuständigkeit des Beirats für Satzungsänderungen ist hingegen möglich.[207]

Unveräußerlich ist ebenso das Recht der Gesellschafter zur Abberufung einzelner Beiratsmitglieder oder zur Abschaffung des gesamten Beirats.[208] Das Gleiche gilt für das Recht zur Abberufung von Geschäftsführern bei Vorliegen eines wichtigen Grundes.[209]

Daneben gibt es noch einen Bereich sogenannter weiterer Grundlagenentscheidungen, die zwingend im Kompetenzbereich der Gesellschafterversammlung verbleiben müssen.[210] Dazu zählen insbesondere Veränderungen einer Gesellschaft, die deren Struktur beeinflussen ohne aber zugleich Satzungsänderungen zu sein. Das können etwa die Auflösung der Gesellschaft, der Beschluss zur Fortsetzung der aufgelösten

---

[204] Vgl. *Müller/ Wolff*, GmbHR 2003, 810, 813.
[205] Vgl. *Frank*, 109.
[206] Vgl. BGH, Urt. v. 19.11.1984 – II ZR 102/84, GmbHR 1985, 188, 189 = WM 1985, 256, 257; *Baumbach/ Hopt/ Hopt*, § 114 Rn. 27 und § 163 Rn. 14; *Schilling* in: Großkomm HGB, § 163 Rn. 21.
[207] Vgl. BGH, Urt. v. 19.11.1984 – II ZR 102/84, GmbHR 1985, 188, 189 = WM 1985, 256, 257; *Baumbach/ Hopt/ Hopt*, § 163 Rn. 14; a. A. BGH, Urt. v. 25.02.1965 – II ZR 287/63, BGHZ 43, 261, 264; *Schilling* in: Großkomm HGB, § 163 Rn. 21 mit Ausnahmen.
[208] Vgl. *Baumbach/ Hopt/ Hopt*, § 163 Rn. 14.
[209] Vgl. *Hennerkes/ May*, NJW 1988, 2761, 2762.

Gesellschaft, die formwechselnde Umwandlung, die Verschmelzung mit einer anderen Gesellschaft oder strukturändernde Unternehmensverträge wie insbesondere Gewinnabführungs- und Beherrschungsverträge sein. Denn sämtliche dieser Maßnahmen stehen in ihrer Auswirkung auf die Gesellschaft den Satzungsänderungen so nahe, dass sie gleichfalls nicht auf einen Beirat delegierbar sind, sondern den Gesellschaftern vorbehalten bleiben müssen.[211]

Außerdem zählen hierzu bei der GmbH kraft ausdrücklicher gesetzlicher Zuweisung die Einforderung von Nachschüssen (§ 26 GmbHG) sowie die Bestimmung und Abberufung der Liquidatoren (§ 66 GmbHG).[212]

Schließlich sind unentziehbare Minderheitsrechte von Gesellschaftern zu beachten. Diese Rechte sind so ausgestaltet, dass sie zum Schutz der berechtigten Gesellschafter eben nicht eingeschränkt werden dürfen. Bei der GmbH zählen dazu das Auskunfts- und Einsichtsrecht des § 51 a GmbHG sowie das Recht einer Minderheit der Gesellschafter, die zusammen mindestens zehn Prozent des Stammkapitals halten, die Einberufung einer Gesellschafterversammlung und die Ankündigung von Beschlussgegenständen zu verlangen (§ 50 GmbHG). Hinzu kommen die Rechte des GmbH-Gesellschafters, Klage auf Feststellung der Nichtigkeit eines Gesellschafterbeschlusses zu erheben oder einen solchen anzufechten.[213]

5.1.3.2 Grenzen der Zuständigkeitsverlagerung im Recht der Personenhandelsgesellschaften

Im Recht der Personenhandelsgesellschaften finden sich korrespondierend die Normen der §§ 118 Abs. 2, 166 Abs. 3 HGB, durch welche das außerordentliche Kontrollrecht eines Gesellschafters geregelt wird. Auch dieses Recht des Gesellschafters kann nicht eingeschränkt und damit an ein anderes Organ delegiert werden.[214]

---

[210] Vgl. *Thümmel*, DB 1995, 2461, 2463.
[211] Vgl. *Thümmel*, DB 1995, 2461, 2463.
[212] Vgl. *Spindler/ Kepper*, DStR 2005, 1738, 1742.
[213] Vgl. BGH, Urt. v. 25.02.1965 – II ZR 287/63, BGHZ 43, 261, 268.
[214] Vgl. MünchHdb. KG/ *Mutter*, § 8 Rn. 18.

Weitere Grenzen gelten bei der offenen Handelsgesellschaft aufgrund des dort statuierten Prinzips der persönlichen Haftung der Gesellschafter für die Verbindlichkeiten der Gesellschaft (§ 128 HGB). So kann etwa das Weisungsrecht der Gesellschafter einer oHG gegenüber den Mitgliedern des Beirats nicht gänzlich ausgeschlossen werden. Jedenfalls sämtliche Gesellschafter gemeinsam bleiben dem Beirat gegenüber weisungsbefugt - unabhängig von der zugrunde liegenden vertraglichen Vereinbarung.[215]

Eine Besonderheit ist bei der Rechtsform der GmbH & Co. KG zu beachten. Denn nach wohl herrschender Auffassung sind die Angelegenheiten der Gesellschaft, die Gegenstand des Auskunfts- und Einsichtsrechts nach § 51 a GmbHG sind, weit zu fassen. Danach gehören zu den Angelegenheiten der (Komplementär-) GmbH auch solche der GmbH & Co. KG.[216] Denn bei einer GmbH & Co. KG spiele sich das unternehmerische Geschehen, wenn die GmbH keinen eigenen Geschäftsbetrieb hat, sondern nur der Geschäftsführung und Verwaltung der KG dient, allein in der KG ab.[217] Aufgrund ihrer unbeschränkten Haftung werde die Komplementär-GmbH unmittelbar von allen Angelegenheiten der KG maßgeblich berührt.[218] Der Gesellschafter einer Komplementär-GmbH ist somit grundsätzlich berechtigt, in die Bücher und Schriften der GmbH & Co. KG Einsicht zu nehmen. Zusätzliche Voraussetzung wird aber wohl sein, dass die Komplementär-GmbH im Besitz der betreffenden Unterlagen ist bzw. sich den Besitz daran verschaffen kann sowie gegenüber der KG befugt ist, die ihr zugänglichen Unterlagen weiter zu leiten.[219] Dieses Recht des § 51 a GmbHG ist - wie bereits beschrieben - unabdingbar.

---

[215] Vgl. *Baumbach/ Hopt/ Hopt*, § 114 Rn. 25.

[216] Vgl. BGH, Urt. v. 11.07.88 – II ZR 346/87, NJW 1989, 225, 226 = GmbHR 1988, 434, 436; OLG Düsseldorf, Beschl. v. 02.03.1990 – 17 W 40 u. 43/89, GmbHR 1991, 18; KG, Beschl. v. 23.12.1987 – 2 W 6008/87, GmbHR 1988, 221, 223; a.A. *v. Bitter*, ZIP 1981, 825, 827.

[217] OLG Düsseldorf, Beschl. v. 02.03.1990 – 17 W 40 u. 43/89, GmbHR 1991, 18.

[218] KG, Beschl. v. 23.12.1987 – 2 W 6008/87, GmbHR 1988, 221, 223.

[219] Vgl. MünchHdb. GmbH & Co. KG/ *Gummert*, § 50 Rn. 85; *Mussaeus* in: *Tillmann/ Mueller-Thuns*, § 4 Rn. 221.

5.1.4 Größe und Besetzung des Beirats

Zur idealen Größe des Beirats gibt es keine allgemeinverbindlichen Regeln. Denn diese hängt naturgemäß wesentlich von der Größe des Unternehmens ab, bei dem der Beirat gebildet werden soll. Gewarnt sei lediglich vor zu großen Gremien, die vom Kostenaufwand und der Komplexität der Entscheidungsstruktur her die Bedürfnisse und Mittel des Unternehmens überschreiten. Häufig wird die Zahl acht als Höchstanzahl der Mitglieder eines solchen Gremiums genannt.[220] Die Festlegung einer ungeraden Anzahl hilft dabei, keine Pattsituationen entstehen zu lassen.[221]

Der Beirat entscheidet durch Beschluss. Die Beschlüsse werden in der Regel in Sitzungen nach Erörterung des Beschlussgegenstands, gegebenenfalls mit der Geschäftsführung, gefasst.

Bei der Besetzung des Beirats ist selbstverständlich darauf zu achten, dass ihm besondere Persönlichkeiten angehören, die über die nötige Kompetenz zur Bekleidung des Amtes verfügen. Dem entspricht der Gedanke der Ziffer 5.4.1 DCGK, wonach bei Vorschlägen zur Wahl von Aufsichtsratsmitgliedern darauf geachtet werden soll, dass dem Aufsichtsrat jederzeit Mitglieder angehören, die über die zur ordnungsgemäßen Wahrnehmung der Aufgaben erforderlichen Kenntnisse, Fähigkeiten und fachlichen Erfahrungen verfügen. Denn nur dann, wenn der Beirat aufgrund seiner personellen Zusammensetzung über die erforderliche Autorität verfügt, sich auch in heiklen Streitfragen zu behaupten, wird dessen Einsetzung sinnvoll sein.[222]

Der Kodex sieht in Ziffer 5.3.2 die Besetzung des Aufsichtsrats (und des Prüfungsausschusses) mit mindestens einer Person vor, die Kenntnisse im Bereich von Rechnungslegung und Jahresabschluss hat. Darin ist ihm die geänderte 8. EU-Richtlinie[223] in Art. 41 Abs. 1 sowie das BilMoG[224] im neuen § 100 Abs. 5 AktG ge-

[220] Vgl. *Kort*, AG 2008, 137, 140; a. A. *Buth/ Hermanns*, DStR 1996, 597, 601, die eine maximale Anzahl von fünf Mitgliedern angeben.
[221] Vgl. MünchHdb. KG/ *Mutter*, § 8 Rn. 46.
[222] Vgl. *Wälzholz* in: Sudhoff, § 15 Rn. 24-28.
[223] Richtlinie 2006/43/EG des Europäischen Parlaments und des Rates vom 17. Mai 2006 über Abschlussprüfungen von Jahresabschlüssen und konsolidierten Abschlüssen, zur Änderung der

folgt. Das ist eine Anregung, die auch für den Beirat oder Aufsichtsrat mittelständischer Familienunternehmen sinnvoll sein dürfte.

Darauf aufbauend schlägt *Lutter*[225] folgende „Idealbesetzung" eines Aufsichtsrats vor:

- Ein (früherer) Unternehmensleiter (mit Auslandserfahrung),
- ein Produktionsfachmann (Techniker),
- ein Entwicklungsfachmann,
- ein Finanzfachmann,
- ein unternehmensrechtlich und international erfahrener Jurist,
- ein Steuerfachmann und
- ein Rechnungsleger.

Mit diesem Vorschlag wird man sicher nicht den individuellen Gegebenheiten jedes mittelständischen Familienunternehmens gerecht. Für manche von ihnen wird bereits ein mit sieben Personen besetztes Beiratsgremium deutlich überproportioniert sein. Dennoch verschafft der Vorschlag zumindest einen Eindruck von den Kompetenzen und Erfahrungen, die idealerweise in einem solchen Gremium vorhanden sein sollten.

Die Mitgliedschaft der einzelnen Personen im Beirat ist gewöhnlicherweise zeitlich befristet. Meistens beträgt die Amtszeit des einzelnen Mitglieds drei bis fünf Jahre und ist danach verlängerbar.[226]

5.2 Erstellung eines Code of best practice

Ein weiteres Mittel zur Etablierung von Corporate Governance-Strukturen in mittelständischen Familienunternehmen kann die Erstellung eines Code of best practice

---

Richtlinien 78/660/EWG und 83/349/EWG des Rates und zur Aufhebung der Richtlinie 84/253/EWG des Rates, ABlEU Nr. L 157, 87.

[224] Vgl. Fn. 48.

[225] Vgl. DB 2009, 775, 778.

sein.[227] Zwar hat eine private Initiatorengruppe, die „Kommission Governance-Kodex für Familienunternehmen", am 12. September 2004 den Vorschlag eines „Governance-Kodex für Familienunternehmen" unterbreitet.[228] Dieser Kodex orientiert sich stark am Deutschen Corporate Governance Kodex, der schon im ersten Satz der Präambel als Referenz angeführt wird.

Im Gegensatz zu börsennotierten Publikumsgesellschaften, die sich lediglich im Geschäftsfeld und in Größenklassen unterscheiden, kommt bei Familienunternehmen jedoch ein weiteres Unterscheidungsmerkmal hinzu: Die hinter dem Unternehmen stehende Familie. Diese Familie macht jedes Familienunternehmen zu einem ganz besonderen, unverwechselbaren Unternehmen. Um den individuellen Gegebenheiten und Besonderheiten des Familienunternehmens gerecht werden zu können, kommt deshalb nur die Erstellung eines eigenen, auf das spezifische Unternehmen individuell zugeschnittenen Kodex in Betracht.

Als historische Vorbilder solcher unternehmenseigenen Kodices können wohl die sog. Hausgesetze adeliger Familien angesehen werden.[229] Die *Brockhaus* Enzyklopädie[230] beschreibt diese Hausgesetze wie folgt: „Auf autonomer Rechtsetzung beruhende Normen, die etwa seit Anfang des 14. Jh. in den einzelnen Familien des hohen Adels v. a. die Erbfolge, die Ehe und die Unveräußerlichkeit des Familiengutes regeln ...".

In diesen Hausgesetzen wurden mithin die tragenden Prinzipien und Werte der Familie schriftlich fixiert und niedergelegt. Hierdurch sollte den Familienmitgliedern ein „Leitfaden" an die Hand gegeben werden, mit Hilfe dessen sie auch für den Fortbestand des Familienvermögens problematische Situationen wie etwa die Erbfolge meistern können sollten.[231]

---

[226] Vgl. *Hinterhuber/ Minrath*, BB 1991, 1201, 1205.
[227] Kritisch zum unternehmenseigenen Code of best practice bei Familienunternehmen *Hennerkes*, Die Familie und ihr Unternehmen, 265.
[228] Der Kodex ist abrufbar unter: http://www.intes-online.de/UserFiles/File/GovernanceKodexDeutsch.pdf (06.11.09).
[229] Vgl. *Hennerkes*, Familienunternehmen sichern und optimieren, 56.
[230] *Brockhaus* Enzyklopädie, Band 9.
[231] Vgl. *Iliou*, 163 f.

Die Thronfolge im Deutschen Reich und in Preußen etwa richtete sich nach dem Hausgesetz der brandenburgischen Hohenzollern.[232] Das Amt des Deutschen Kaisers war nach Art. 11 der Verfassung des Deutschen Reichs vom 16. April 1871 mit dem preußischen Königtum untrennbar verbunden. Für den Erwerb und den Verlust des kaiserlichen Amtes im Reich waren die Vorschriften der preußischen Krone maßgebend.[233] Art. 53 der Verfassungsurkunde für den Preußischen Staat vom 31. Januar 1850 sah vor, dass die Krone, den Hausgesetzen gemäß, erblich ist. Damit wurden diejenigen Bestimmungen der Hausgesetze, welche die Zugehörigkeit zum königlichen Hause regeln, zu einem Bestandteil der Verfassungsurkunde. Die Abstammung aus einer im Sinne der Hausgesetze ebenbürtigen Ehe wurde zu einem entscheidenden Kriterium für die Thronfolgefähigkeit.[234]

Die Hausgesetze des hohen Adels waren bis zur Außerkraftsetzung durch Art. 109 Abs. 3 S. 1 der Weimarer Reichsverfassung im Jahre 1919 und den dazu ergangenen Spezialgesetzen auf Landesebene bzw. speziellen Regelungen in den Landesverfassungen geltendes Recht.[235]

5.2.1 Art des unternehmenseigenen Regelwerks

Dieser unternehmenseigene Kodex muss eng auf den Gesellschaftsvertrag abgestimmt und mit diesem verzahnt sein.[236] Im Gegensatz zum Gesellschaftsvertrag, der häufig der Geheimhaltung unterliegt, kann der Kodex einer breiteren Öffentlichkeit, insbesondere Kapitalgebern, zugänglich gemacht werden. Außerdem ist zu erwarten, dass bei der Abfassung des Kodex in geringerem Maße auf spezifisch juristische Fachbegriffe und Formulierungen zurück gegriffen werden muss und er deshalb

---

[232] Vgl. BVerfG, Beschl. v. 22.03.04 – 1 BvR 2248/01, NJW 2004, 2008, 2010.
[233] Vgl. *Laband*, § 10 II.
[234] Vgl. BVerfG, Beschl. v. 22.03.04 – 1 BvR 2248/01, NJW 2004, 2008, 2010 f.
[235] Die Verfassung selbst gab insoweit lediglich Richtlinien für noch zu erlassende Gesetze vor. Die eigentliche Umsetzung erfolgte dann beispielsweise für Preußen durch das Gesetz über die Aufhebung der Standesvorrechte des Adels und die Auflösung des Hausvermögens vom 23. Juni 1920 (GS S. 367) oder für Baden durch § 9 S. 2 der badischen Verfassung vom 21. März 1919. Siehe dazu *Anschütz*, Nr. 4 zu Art. 109; *Apelt*, 308 f.; *Stier-Somlo* in *Nipperdey*, 204 ff.
[236] Vgl. *Lange*, BB 2005, 2585, 2589.

leichter verständlich ist.[237] Allerdings ist dessen Anwendung letztlich eben rechtlich unverbindlich ausgestaltet.[238]

Vom unternehmenseigenen Code of best practice zu unterscheiden ist die sog. Familienverfassung. Denn der Code of best practice dient der Verbesserung der Corporate Governance des Unternehmens und muss daher von den Anteilseignern des Unternehmens verabschiedet werden. Demgegenüber ist die Familienverfassung oder auch Familiencharta ein von den Familienmitgliedern erarbeitetes und verfasstes Regelwerk, das die Zielsetzung der Familie hinsichtlich ihrer inneren Organisation, der gemeinsam anerkannten Werte und des angestrebten Verhaltens der Mitglieder der Unternehmerfamilie untereinander definiert.[239] Die Familienverfassung wird daher von sämtlichen Familienmitgliedern verabschiedet, unabhängig davon, ob diese Familienmitglieder zugleich Anteilseigner des Unternehmens sind.[240]

5.2.2 Inhalt des unternehmenseigenen Regelwerks

In dem Kodex können die grundlegenden Prinzipien und Leitlinien des Unternehmens verfasst werden. So kann darin beispielsweise der Grundsatz offen kommuniziert werden, dass das Wohl des Unternehmens Vorrang vor dem Wohl der Familie hat. Denn solange eine solche Tradition offen kommuniziert und allgemein akzeptiert ist, kommt es zu keinen (offenen) Konflikten, weil im Zweifel die individuellen Ziele und Wünsche zurückgesteckt werden.[241] Auch der Governance Kodex für Familienunternehmen[242] enthält unter Ziffer 1.1 die folgende Klausel:

„Jede Unternehmerfamilie sollte bereit sein, den anerkennenswerten Interessen des Unternehmens im Kollisionsfall den Vorrang vor den Einzelinteressen der Gesellschafter einzuräumen.“

---

[237] So auch für die Familienverfassung *Fabis*, 81.
[238] Vgl. *Lange* FS *Hennerkes*, 135, 145.
[239] Vgl. *Hennerkes*, Die Familie und ihr Unternehmen, 62; *Baus* in: *Böllhoff/ Krüger/ Berni*, 1, 9.
[240] Vgl. *Fabis*, 79.
[241] Vgl. *Simon/ Wimmer/ Groth*, 60.
[242] Siehe Fn. 228.

Dieser allgemeine Leitsatz kann dann in Richtung der Kapitalgeber konkretisiert werden, indem der Kodex etwa Aussagen der Eigentümerfamilie zur Eigenkapitalquote sowie zu den erwarteten Renditezielen und Dividenden enthält.[243] In diesem Zusammenhang stehen dann auch Fragen zur Ausschüttungs- und Entnahmepolitik der Gesellschafter.[244]

Des Weiteren können grundsätzliche Einstellungen der Familie zur Veräußerung von Gesellschaftsanteilen in dem Code of best practice kodifiziert werden. So kann hier etwa als grundlegendes Ziel postuliert werden, die Gesellschaftsanteile des Unternehmens nach Möglichkeit in der Familie zu halten. Weitergehend kann das Ziel der Familie sogar dahin konkretisiert werden, alleiniger Eigentümer des Unternehmens zu bleiben.[245]

Ferner können verbindliche Regeln zur Entscheidungsfindung im Unternehmen schriftlich niedergelegt werden. Diese Regeln zur Entscheidungsfindung werden oft einher gehen mit Regelungen und Prozessen zur Lösung typischer Konflikte in Familienunternehmen. Auch im Rahmen der Regeln zur Konfliktlösung sollte sich der Kodex dann wiederum von dem grundlegenden Postulat „Unternehmensinteresse geht vor Gesellschafterinteresse" auf dem Weg zur Entscheidungs- oder Lösungsfindung leiten lassen.

Ebenso kann der unternehmenseigene Kodex dazu genutzt werden, Grundsätze für die Nachfolgeplanung des Unternehmens niederzulegen. Zu diesen Grundsätzen kann etwa die Festlegung einer Altersgrenze für die Unternehmensübergabe zählen. Schon heute setzen sich viele Unternehmer solche feste Fristen für die Übergabe ihres Unternehmens. Freilich häufig ohne das nach außen so zu kommunizieren.

So hat Karl *Schobloch*, Gesellschafter und Geschäftsführer der **Karl Schobloch GmbH**, Friedrichshafen-Kluftern, in der zweiten Generation, seinen Söhnen seinen festen Entschluss mitgeteilt, sich mit Vollendung des 60. Lebensjahres aus dem Un-

---

[243] Vgl. *Lange*, BB 2005, 2585, 2589.
[244] Vgl. *Fabis*, 82.
[245] Vgl. *Iliou*, 169.

ternehmen zurück zu ziehen.[246] Ebenso hat sich Albrecht *von Dewitz*, Gründer der **VAUDE Sport GmbH & Co. KG**, Tettnang, zum Ziel gesetzt, sein Unternehmen mit Vollendung des 65. Lebensjahres an seine Tochter Antje zu übergeben.[247] Beide Übergaben haben funktioniert und die „Senioren" haben sich plangemäß aus dem operativen Unternehmensbetrieb zurück gezogen. Es stellt sich also die berechtigte Frage, weshalb eine solche Planung über die Aufnahme in einen unternehmenseigenen Kodex nicht dem Umfeld des Unternehmens zur Kenntnis gebracht werden sollte. Dementsprechend postuliert Ziffer 3.3.2 des Governance Kodex für Familienunternehmen: *„Die Verträge des Familienunternehmens sollten eine Altersgrenze vorsehen, d. h. einen Zeitpunkt bestimmen, zu dem die Mitglieder der Geschäftsführung unabhängig von ihrem Willen aus ihrem Amt ausscheiden müssen."*

Ein weiterer Grundsatz sollte es stets sein, die Nachfolgeregelung möglichst liquiditätsschonend für das Unternehmen zu gestalten. Für den Fall des Vorhandenseins mehrerer pflichtteilsberechtigter Erben sollten daher Pflichtteilsverzichte angestrebt werden. Anstelle eines Pflichtteilsverzichts können die Pflichtteilsansprüche enterbter Abkömmliche durch lebzeitige Schenkungen des Unternehmens oder Teilen davon minimiert werden.[248] Wegen der Regelung des § 2325 Abs. 3 BGB kann die letztere Variante aber nur dann tatsächlich zu einer Schonung der Liquidität des Unternehmens führen, wenn die Schenkung mindestens zehn Jahre vor Eintritt des Erbfalls erfolgt ist. Das gilt grundsätzlich auch nach der Neufassung der Norm,[249] die aber durch die Abschaffung des bisher geltenden Alles-oder-Nichts-Prinzips deutlich entschärft wurde. Nunmehr gilt ein Abschmelzungsmodell: Schenkungen werden mit jedem verstrichenen Jahr bis zum Eintritt des Erbfalls mit einem Abschlag von einem Zehntel versehen.

Selbst dann, wenn diese Pflichtteilsverzichte nur gegen Zahlung eines Geldausgleichs erklärt werden, wird das für das betroffene Unternehmen in aller Regel vorteilhaft sein. Denn zum einen kann so die zu bezahlende Geldsumme konkret fest-

---

[246] Karl *Schobloch* im Interview mit dem Verfasser vom 24. August 2009.
[247] Dr. Antje *von Dewitz* im Interview mit dem Verfasser vom 2. Oktober 2009.
[248] Vgl. *Lorz/ Kirchdörfer*, Kap. 5, Rn 4.
[249] Durch das Gesetz zur Änderung des Erb- und Verjährungsrechts vom 24. September 2009, BGBl. I 2009, 3142.

gelegt werden. Es werden damit komplizierte und teure Bewertungen des Unternehmens überflüssig, etwa um den Wert des Nachlasses zum Zwecke der Erbauseinandersetzung zu bestimmen. Zum anderen kann der Zeitpunkt der Fälligkeit einer solchen Zahlung individuell festgelegt werden. Dadurch kann das Unternehmen die Zahlung einplanen und einkalkulieren.

Mit der gezielten Vereinbarung von Erbverzichten wurde etwa bei der Übergabe der Gesellschaftsanteile an der **Leopold Kostal GmbH & Co. KG** an die dritte Generation eine allzu große Zersplitterung des Gesellschafterkreises verhindert. Denn die Übergabe des Unternehmens an die zweite Generation hatte bereits eine Verteilung der Anteile auf drei Stämme im Verhältnis 50 % zu 25 % zu 25 % zur Folge. Dabei wurde der größere (hälftige) Anteil dem einzigen aktiv in die Geschäftsführung des Unternehmens eingebundenen Nachkommen zugewandt - und das war Kurt Kostal. Kurt Kostal hatte nun seinerseits wiederum drei Nachkommen, von denen lediglich sein Sohn Helmut aktiv in der Geschäftsführung des Unternehmens tätig werden sollte. Hätte Kurt Kostal die gleiche Art der Nachfolgeregelung wie sein Vater Leopold gewählt, wäre der Gesellschaftsanteil in der Hand von Helmut Kostal auf 25 % der Anteile am Gesamtunternehmen "verwässert" worden. Um das zu verhindern, vereinbarte der Vater mit den beiden Töchtern - den Schwestern Helmut Kostals - jeweils Erbverzichte.[250]

Ferner können qualitative Anforderungen an den Nachfolger in der Geschäftsführung im unternehmenseigenen Kodex niedergelegt werden. Denkbar ist etwa die Festlegung des Erfordernisses einer mehrjährigen Berufserfahrung vor der Übernahme von Geschäftsführungsaufgaben im Familienunternehmen. In Betracht kommt auch eine Regelung dahingehend, ob nur Familienmitglieder Geschäftsführungsaufgaben übernehmen sollen oder ob dies auch durch familienfremde Dritte möglich ist. Ergänzend sollte bestimmt werden, wer den oder die Geschäftsführer auswählt. Das kann z. B. die Gesellschafterversammlung, ein Beirat oder ein Gesellschafterausschuss sein. Schließlich können formale Aspekte des Auswahlverfahrens definiert und hierdurch auch für Außenstehende transparent gemacht werden.

Im Ergebnis kann daher festgestellt werden, dass die Erstellung eines auf das spezifische Unternehmen zugeschnittenen Code of best practice für mittelständische Familienunternehmen durchaus sinnvoll sein kann. Das ist freilich immer abhängig von den individuellen Gegebenheiten des jeweiligen Unternehmens zu betrachten.[251]

5.3 Einführung einer erfolgsabhängigen Vergütung

Ausgehend von den Erkenntnissen der Corporate Governance-Diskussion kann die Einführung einer erfolgsabhängigen Vergütung des geschäftsführenden Organs auch bei mittelständischen Familienunternehmen sinnvoll sein und zwar bei solchen, bei denen aufgrund ihrer Struktur ein Prinzipal-Agent-Konflikt auftritt. Das ist insbesondere bei solchen mittelständischen Familienunternehmen der Fall, die von einem Fremdmanagement geführt werden. Der Prinzipal-Agent-Konflikt kann aber auch bei Familienunternehmen auftreten, die im Eigentum einer Mehrzahl von Gesellschaftern stehen, von denen nur ein Teil zugleich in der Geschäftsführung vertreten ist.

Problematisch kann bei den von mittelständischen Familienunternehmen häufig präferierten Gesellschaftsformen wie der oHG, der KG, der GmbH und der GmbH & Co. KG die Frage werden, inwiefern das Fremdmanagement an dem Unternehmen beteiligt werden kann. Denn die Gesellschaftsanteile dieser Gesellschaftsformen sind im Regelfall deutlich weniger fungibel, als dies etwa bei den Aktiengesellschaften der Fall ist.

Zudem wird bei den Familienunternehmen der dringende Wunsch vorherrschen, die Beteiligung der Fremdmanager nach Abschluss ihrer Dienste wieder einzuziehen, um so das Unternehmen in der Familie zu halten. Gerade eine solche „zwangsweise" Übertragung der Gesellschaftsanteile oder der Gesellschafterstellung gegen den Willen des Betroffenen ist oft jedoch nur unter erschwerten Voraussetzungen möglich. Deswegen wird es in aller Regel nicht sinnvoll sein, die betreffenden Fremdma-

[250] Vgl. *Simon/ Wimmer/ Groth*, 53-55.
[251] Im Ergebnis ebenso wie hier Dr. Antje *von Dewitz*, Gesellschafter-Geschäftsführerin der VAUDE Sport GmbH & Co. KG im Interview mit dem Verfasser vom 2. Oktober 2009; a. A. *Hennerkes*, Die Familie und ihr Unternehmen, 265.

nager unmittelbar an der Gesellschaft zu beteiligen. Gedacht werden kann jedoch an eine Konstruktion ähnlich der sog. *phantom stocks*: Gewährt werden lediglich „virtuelle" Gesellschaftsanteile. Deren Wert oder deren Wertdifferenz kann dann am Ende der Amtszeit etwa in Form einer Einmalzahlung an die ausscheidenden Mitglieder des Fremdmanagements ausgeschüttet werden.

Eine solche Art der erfolgsabhängigen Vergütung dürfte auch im Interesse des Managements liegen. Denn auch das Management dürfte nach seinem Ausscheiden aus dem Unternehmen kein Interesse mehr an einer gesellschaftsrechtlichen Beteiligung daran haben. Denn aufgrund der allenfalls geringfügigen gesellschaftsrechtlichen Beteiligung des Managements am Unternehmen könnte dieses - ohne aktiv in die Geschäftsführung eingebunden zu sein - kaum mehr Einfluss auf die Geschicke der Gesellschaft nehmen.

Bleiben wird allerdings eine Schwierigkeit: Für die weit überwiegende Mehrzahl der Gesellschaftsanteile an mittelständischen Familienunternehmen existiert kein funktionierender Markt. Damit ist es nicht möglich, einen Marktpreis für die Gesellschaftsanteile als Grundlage für deren Wertermittlung heranzuziehen. Der Wert der Gesellschaftsanteile müsste vielmehr in einem aufwändigen Bewertungsverfahren errechnet werden.

Wird eine erfolgsabhängige Vergütung eingeführt, können die durch Corporate Governance gewonnenen Erkenntnisse nutzbringend eingesetzt werden. So sollte die erfolgsabhängige Vergütungskomponente insbesondere Anreize zur langfristigen und nachhaltigen Unternehmensentwicklung geben. Daher sollte die Bemessungsgrundlage für die variablen Vergütungsbestandteile die Betrachtung eines Mehrjahreszeitraums erfassen.[252]

Die variablen Vergütungsbestandteile sollten auf anspruchsvolle, relevante Vergleichsparameter bezogen sein, deren nachträgliche Änderung ausgeschlossen ist (wie in Ziffer 4.2.3 Abs. 3 DCGK ausgeführt). Zudem kann auch eine (zumindest teilweise) Beteiligung des Managements am Verlust vorgesehen werden. Auf diese

Weise können beispielsweise die Gewinne eines Jahres zumindest teilweise mit Verlusten anderer Jahre verrechnet werden.

Schließlich können die in Ziffer 4.2.3 DCGK vorgesehenen Grundsätze für die Vereinbarung eines Abfindungs-Cap auch für mittelständische Familienunternehmen herangezogen werden. Danach sollte beim Abschluss von Verträgen mit den Mitgliedern des geschäftsführenden Organs darauf geachtet werden, dass die Vergütung jedes Mitglieds bei vorzeitiger Beendigung dessen Anstellungsvertrags einschließlich Nebenleistungen den Wert von zwei Jahresvergütungen nicht ohne wichtigen Grund überschreitet. Des Weiteren sollte nicht mehr als die Restlaufzeit des Anstellungsvertrags vergütet werden. Für die Berechnung des Abfindungs-Caps sollte auf die Gesamtvergütung des abgelaufenen Geschäftsjahrs und gegebenenfalls auch auf die voraussichtliche Gesamtvergütung für das laufende Geschäftsjahr abgestellt werden.

5.4 Informationspflichten

Für mittelständische Familienunternehmen gibt es verschiedene Wege, ihre Transparenz zu verbessern und ihre *shareholder*, aber auch ihre *stakeholder* verbessert über die Vorgänge im Unternehmen zu informieren.

Bereits die Erstellung eines unternehmenseigenen Code of best practice führt zu einer solchermaßen verbesserten Information. Denn bereits darin können verschiedene Informationen zur Grundstruktur und Strategie des Unternehmens dargestellt und den interessierten Kreisen zugänglich gemacht werden. Dadurch können beispielsweise Entscheidungsprozesse der Gesellschaft für außenstehende Dritte verständlich und deutlich gemacht werden. Die Darstellung solcher Entscheidungsprozesse kann auch Aussagen dazu beinhalten, wie das Unternehmen und die Familie mit Konflikten umgehen und welche Mechanismen ggf. geschaffen worden sind, um Konflikte beizulegen.

[252] Vgl. *Friedl/ Döscher*, Der Aufsichtsrat 2009, 36.

Darüber hinaus kann an eine Selbstverpflichtung des geschäftsführenden Organs zur Erstellung regelmäßiger Berichte in Bezug auf bestimmte Personengruppen gedacht werden. Solche Personengruppen können etwa Kreditgeber, Kunden oder auch bestimmte leitende Mitarbeiter sein. In diesen regelmäßigen Berichten können dann gezielt die Informationen aufbereitet werden, die spezifisch für den angesprochenen Adressatenkreis von Interesse sind. Unter Umständen kann an eine Verzahnung des unternehmenseigenen Kodex mit diesen regelmäßigen Berichten gedacht werden. So könnte der Kodex einen Abschnitt enthalten, aus dem hervorgeht, welche solcher Informationen an welchen Adressatenkreis in welchem Zeitabstand versendet werden.

Neben der generellen Verbesserung der Transparenz des Unternehmens durch eine Ausweitung der auf freiwilliger Basis erteilten Informationen steht die Vermeidung ungerechtfertigter Informationsasymmetrien im Zentrum der Diskussion um Corporate Governance.[253] Im Bereich der Finanzierung etwa lässt sich durch die Gleichbehandlung der Kapitalgeber die Abhängigkeit von einem einzelnen Kapitalgeber, wie z. B. der Hausbank, deutlich reduzieren. Denn neu hinzutretende Kapitalgeber müssen nicht die Befürchtung haben, bei der Versorgung mit Informationen „ins Hintertreffen" zu geraten. Dadurch kann das Unternehmen seine Attraktivität für neue Kapitalgeber steigern, die zunächst nur eine geringe Investition in das Unternehmen tätigen wollen, um beispielsweise auszutesten, inwiefern das Unternehmen ein verlässlicher Vertragspartner ist.

Aufgrund dieser Erwägungen erscheint es sinnvoll, den Gedanken der Ziff. 6.3 S. 1 DCGK[254] aufzugreifen, wonach die Gesellschaft die Aktionäre hinsichtlich der Gewährung von Informationen gleich behandelt. Übertragen bedeutet dies, dass das mittelständische Familienunternehmen seine Finanziers ebenfalls gleichermaßen mit Informationen über Entwicklungen und Weichenstellungen im Unternehmen versor-

---

[253] Vgl. v. *Werder* in: *Ringleb/ Kremer/ Lutter/ v. Werder*, Ziff. 6.3 Rn. 1219; *Rudolph*, BB 2003, 2053, 2055.

[254] Dieser Gedanke ergibt sich für die AG bereits aus dem für diese Rechtsform geltenden Gleichbehandlungsgebot der Aktionäre, *Baums*, Bericht der Regierungskommission Corporate Governance, Kommissionsbericht, Rn. 143; *v. Werder* in: *Ringleb/ Kremer/ Lutter/ v. Werder*, Ziff. 6.3 Rn. 1220.

gen und eine dem Ziff. 6.3 S. 1 DCGK entsprechende Regelung bezogen auf die Kapitalgeber über seinen Kodex nach außen kommunizieren sollte.[255]

Die freiwillige Auferlegung von Informationspflichten ist allerdings stark von der individuellen Situation des jeweiligen Unternehmens abhängig. Daher können allgemeinverbindliche Aussagen hierzu nicht getroffen werden. Insbesondere muss immer auch der durch die Informationsversorgung entstehende Aufwand für das Unternehmen berücksichtigt werden. Von zu ambitionierten Zielsetzungen, die dann aus praktischen Sachzwängen heraus nicht oder nicht regelmäßig erfüllt werden können, ist jedenfalls abzuraten.

[255] Vgl. *Iliou*, 232.

6. Ergebnis

Im Ergebnis lässt sich damit festhalten, dass die Erkenntnisse aus der Corporate Governance-Diskussion durchaus auch für mittelständische Familienunternehmen von Nutzen sein können. Werden die Gesellschaftsanteile an diesen Unternehmen von einer Vielzahl verschiedener Gesellschafter und womöglich sogar von verschiedenen Gesellschafterstämmen gehalten, von denen nicht alle in der Geschäftsführung repräsentiert sind, nähern sie sich aufgrund ihrer Struktur ohnehin den kapitalmarktorientierten Publikumsgesellschaften an.

Aber auch für die „klassischen", eigentümergeführten mittelständischen Familienunternehmen kann die Einführung bestimmter Corporate Governance-Strukturen sinnvoll sein. Allerdings verändert sich bei mittelständischen Familienunternehmen die Schutzrichtung von Corporate Governance. Corporate Governance schützt hier weniger die Anteilseigner vor „Ausschweifungen" des (Fremd-) Managements. Vielmehr dient Corporate Governance hier dem Schutz des Unternehmens vor „Ausschweifungen" der Anteilseigner.

Die tatsächliche Implementierung der Corporate Governance-Strukturen muss individuell auf das jeweilige Unternehmen zugeschnitten erfolgen. So kann etwa die freiwillige Einrichtung eines Kontrollorgans in Betracht kommen. Die genaue Ausgestaltung der Rechte und Pflichten des Kontrollorgans muss abhängig von der jeweiligen Rechtsform des Unternehmens erfolgen. Darüber hinaus ist die Erstellung eines unternehmenseigenen Code of best practice oder die Verbesserung der unternehmensspezifischen Transparenz zu erwägen. Die exakte Festlegung der Corporate Governance-Strukturen kann aber nur bezogen auf das jeweilige Unternehmen erfolgen. Eine gedankliche Auseinandersetzung mit der Thematik dürfte für die Inhaber mittelständischer Familienunternehmen aber allemal sinnvoll sein.

Literaturverzeichnis

ALBERT HANDTMANN MASCHINENFABRIK GMBH & CO. KG,
handtmann: 50 Jahre maschinenfabrik, 2004.

VON ANDREAE, CASPAR,
Familienunternehmen und Publikumsgesellschaft, 2007.

ANNUß, GEORG/ *THEUSINGER,* INGO,
Das VorstAG - Praktische Hinweise zum Umgang mit dem neuen Recht, BB 2009, 2434, 2442.

ANSCHÜTZ, GERHARD,
Die Verfassung des Deutschen Reichs vom 11. August 1919, 4. Bearbeitung, 14. A. 1933, unveränderter reprografischer Nachdruck 1965.

APELT, WILLIBALT,
Geschichte der Weimarer Verfassung, 2. A. 1964.

BAUMS, THEODOR,
Bericht der Regierungskommission Corporate Governance, 2001.

BAUMBACH, ADOLF/ *HOPT,* KLAUS J.,
Handelsgesetzbuch, 33. A. 2008.

BAUS, KIRSTEN,
Strategische Zielsetzung von Familienunternehmen – zwischen Unternehmenswerten und Unternehmenswert in: *Böllhoff,* Christian/ *Krüger,* Wolfgang/ *Berni,* Marcello, Spitzenleistungen in Familienunternehmen, 2006, 1, 10.

BERLE, ADOLF A./ *MEANS*, GARDINER C.,
The Modern Corporation and Private Property, Überarbeitete Auflage 1968 (Originalauflage 1932).

VON BITTER, CHRISTIAN,
Das Informationsrecht der GmbH-Gesellschafter in §§ 51 a, 51 b GmbHG, ZIP 1981, 825, 832.

BROCKHAUS,
Enzyklopädie in vierundzwanzig Bänden, Band 9, 19. A. 1989.

BUTH, ANDREA K./ *HERMANNS*, MICHAEL,

Unternehmenspolitische Erwägungen zum Beirat in der GmbH und der KG, DStR 1996, 597, 602.

CANARIS, CLAUS-WILHELM/ *SCHILLING*, WOLFGANG/ *ULMER*, PETER,

Handelsgesetzbuch Großkommentar, Band 2, 4. A. 2005.

CARUSO, PATRIZIO,

Der Public Corporate Governance Kodex, NZG 2009, 1419, 1421.

EHLERS, HARALD/ *JURCHER*, MICHAEL,

Der Börsengang von Mittelstandsunternehmen, 1999.

ELLROTT, HELMUT/ *FÖRSCHLE*, GERHART/ *HOYOS*, MARTIN/ *WINKELJOHANN*, NORBERT,

Beck'scher Bilanzkommentar, 6. A. 2006.

FABIS, FELIX GEORG,

Gesellschafterkonflikte in Familienunternehmen, 2007.

FISCHER, ERICA/ *LADWIG-WINTERS*, SIMONE,

Die Wertheims, 2007.

FONK, HANS-JOACHIM,

Die Zulässigkeit von Vorstandsbezügen dem Grunde nach – Aktienrechtliche Anmerkungen zum Urteil des LG Düsseldorf, NZG 2004, 1057 – Mannesmann, NZG 2005, 248, 254.

FRANK, MICHAEL ADAM,

Die „kleine" AG als Organisationsform für die Nachfolge in Familienunternehmen, 2002.

FRANZ, EINIKO,

Der gesetzliche Selbstbehalt in der D&O-Versicherung nach dem VorstAG – Wie weit geht das Einschussloch in der Schutzweste der Manager?, DB 2009, 2764, 2773.

FRIEDL, GUNTHER/ *DÖSCHER*, THORSTEN,

Langfristige Anreize in der DAX 30-Vorstandsvergütung, Der Aufsichtsrat 2009, 36, 38.

GOETTE, WULF/ *HABERSACK*, MATHIAS/ *KALSS*, SUSANNE,

Münchener Kommentar zum Aktiengesetz, Band 2, 3. A. 2008.

Gummert, Hans/ *Weipert,* Lutz,

Münchener Handbuch des Gesellschaftsrechts, Band 2: Kommanditgesellschaft, GmbH & Co. KG, Publikums-KG, Stille Gesellschaft, 3. A. 2009.

Haida, Larissa,

Mit Ökotaschen auf den Fashion-Olymp in: HB v. 30.07.2009, 10.

Handtmann Unternehmensgruppe,

handtmann report, März 2008.

Hennerkes, Brun-Hagen,

Das Familienunternehmen in: *Hennerkes*, Brun-Hagen, Unternehmenshandbuch Familiengesellschaften, 1995, 1, 30.

Hennerkes, Brun-Hagen,

Die Familie und ihr Unternehmen, 2004.

Hennerkes, Brun-Hagen,

Familienunternehmen sichern und optimieren, 1998.

Hennerkes, Brun-Hagen,

Markterschließung durch Familienunternehmen - erfolgreich zwischen Nischenpolitik und Markenführung in: *Böllhoff,* Christian/ *Krüger,* Wolfgang/ *Berni,* Marcello, Spitzenleistungen in Familienunternehmen, 2006, 151, 159.

Hennerkes, Brun-Hagen/ *Binz,* Mark K./ *May,* Peter,

Die Steuerungsfunktion des Beirates in der Familiengesellschaft, DB 1987, 469, 475.

Hennerkes, Brun-Hagen / *Kirchdörfer*, Rainer,

Mängel in Gesellschaftsverträgen von Familienunternehmen in: *Hennerkes*, Brun-Hagen, Unternehmenshandbuch Familiengesellschaften, 1995, 61, 110.

Hennerkes, Brun-Hagen/ *May,* Peter,

Der Gesellschaftsvertrag des Familienunternehmens, NJW 1988, 2761, 2768.

Hinterhuber, Hans/ *Minrath,* Reiner,

Der Beirat einer mittelständischen Familienunternehmung, BB 1991, 1201, 1210.

Hövermann, Julia/ *Klein,* Christian,

Corporate Governance im französischen Gesellschaftsrecht, RIW 2006, 277, 280.

HOFFMANN-BECKING, MICHAEL,

Rechtliche Anmerkungen zur Vorstands- und Aufsichtsratsvergütung, ZHR 169 (2005), 155, 180.

HOHAUS, BENEDIKT/ *WEBER,* CHRISTOPH,

Die Angemessenheit der Vorstandsvergütung gem. § 87 AktG nach dem VorstAG, DB 2009, 1515, 1520.

HOPT, KLAUS J./ *WIEDEMANN,* HERBERT,

Aktiengesetz Großkommentar, Band 4, 4. A. 2006.

HOPT, KLAUS J./ *WIEDEMANN,* HERBERT,

Aktiengesetz Großkommentar, Band 6, 4. A. 2006.

HÜFFER, UWE,

Aktiengesetz, 8. A. 2008.

ILIOU, CHRISTOPHER D.,

Der „Gesellschafter-Führerschein" für die GmbH erst mit 25? – Gestaltungsmittel für die Unternehmensnachfolge in Familiengesellschaften, GmbHR 2009, 81, 85.

ILIOU, CHRISTOPHER D.,

Die Nutzung von Corporate Governance in mittelständischen Familienunternehmen, 2004.

JAHN, JOACHIM,

Unbefriedigend, aber unumgänglich - Die Einstellung des „Mannesmann-Prozesses", BB v. 02.01.2007, I.

JENSEN, SÖREN/ *PAPENDICK,* ULRIC,

Post von Frau Menke in: ManagerMagazin 12/2009, 12, 14.

JENSEN, SÖREN/ *WERRES,* THOMAS,

Interne Bewerbung in: ManagerMagazin 04/2009, 16.

VAN KANN, JÜRGEN,

Zwingender Selbstbehalt bei der D&O-Versicherung – Gut gemeint, aber auch gut gemacht?, NZG 2009, 1010, 1013.

KIRCHDÖRFER, RAINER/ *LORZ,* RAINER,

Familienvermögensgesellschaften als Organisationsmodelle im Rahmen der Familienstrategie und der Planung der Vermögensnachfolge, DB Beil. 3/ 2004, 1, 12.

KNAPP, CHRISTOPH,

Die Entwicklung des Rechts des Aufsichtsrats, DStR 2010, 56, 62.

KOCH, BRIGITTE,

Bewahrer der Bankierskultur in: F.A.Z. v. 16.10.2009, 16.

KÖHLER, ANNETTE G./ *MARTEN,* KAI-UWE/ *SCHLERETH,* DIETER,

Stärkung der Corporate Governance in Deutschland - Umsetzungsstand und Effektivität, DB 2009, 1477, 1486.

KÖNIG, RAINER/ *SCHIRNICK*, UWE,

Due Diligence bei einem Familienunternehmen anlässlich des Verkaufs an einen Finanzinvestor in: *Lange*, Knut Werner/ *Schiereck*, Dirk, Nachfolgefragen bei Familienunternehmen, 2003, 145, 158.

KORT, MICHAEL,

Corporate Governance-Fragen der Größe und Zusammensetzung des Aufsichtsrats bei AG, GmbH und SE, AG 2008, 137, 149.

KORT, MICHAEL,

Das „Mannesmann"-Urteil im Lichte von § 87 AktG, NJW 2005, 333, 336.

KROHN, PHILIPP,

Beruf Tochter reicht nicht in: F.A.Z. v. 16.10.2009, 12.

KROPFF, BRUNO/ *SEMLER,* JOHANNES,

Münchener Kommentar zum Aktiengesetz, Band 5/1, 2. A. 2003.

KROPFF, BRUNO/ *SEMLER,* JOHANNES,

Münchener Kommentar zum Aktiengesetz, Band 5/2, 2. A. 2004.

KÜTING, KARLHEINZ/ *BUSCH*, JULIA,

Zum Wirrwarr der Überwachungsbegriffe, DB 2009, 1361, 1367.

LABAND, PAUL,

Das Staatsrecht des Deutschen Reiches, 2. A. 1894.

LANGE, KNUT WERNER,

Corporate Governance in Familienunternehmen, BB 2005, 2585, 2590.

LANGE, KNUT WERNER,

Der Beirat als Element der Corporate Governance in Familienunternehmen, GmbHR 2006, 897, 904.

Lange, Knut Werner,

Kodex und Familienverfassung als Mittel der Corporate Governance in Familienunternehmen in: *Kirchdörfer*, Rainer/ *Lorz*, Rainer/ *Wiedemann*, Andreas/ *Kögel*, Rainer/ *Frohnmayer*, Thomas, Familienunternehmen in Recht, Wirtschaft, Politik und Gesellschaft, Festschrift für Brun-Hagen Hennerkes zum 70. Geburtstag, 2009, 135, 149.

Liebers, Hans-Joachim/ *Hoefs,* Christian,

Anerkennungs- und Abfindungszahlungen an ausscheidende Vorstandsmitglieder, ZIP 2004, 97, 103.

Lorz, Rainer/ *Kirchdörfer,* Rainer,

Unternehmensnachfolge, 2002.

Lutter, Marcus,

Professionalisierung des Aufsichtsrats, DB 2009, 775, 779.

Lutter, Marcus/ *Hommelhoff,* Peter,

GmbH-Gesetz, 17. A. 2009.

Maron, Thomas,

Manager sollen künftig haften in: Stuttgarter Zeitung v. 24.04.2009, 12.

Marschall, Birgit,

Fast jede zweite Firma beklagt Kreditklemme in: Financial Times Deutschland v. 30.03.2009, 11.

May, Peter,

Die BWL hat den Unternehmer vergessen in: F.A.Z. v. 20.04.2009, 12.

Müller, Christof,

Auswirkungen von „Basel II" auf die Finanzierung des deutschen Mittelstands, DStR 2009, 64, 70.

Müller, Klaus J./ *Wolff,* Reinmar,

Verlagerung von Zuständigkeiten auf den Beirat der GmbH, GmbHR 2003, 810, 817.

Nipperdey, Hans Carl,

Die Grundrechte und Grundpflichten der Reichsverfassung, 1. Band, 1929.

Olbrich, Carola/ *Kassing,* Daniel,

Der Selbstbehalt in der D&O Versicherung: Gesetzliche Neuregelung lässt viele Fragen offen, BB 2009, 1659, 1662.

OLDAG, ANDREAS,

Kulturbruch bei Rothschild in: SZ v. 11.02.2010, 24.

PAEFGEN, WALTER,

Die Inanspruchnahme pflichtvergessener Vorstandsmitglieder als unternehmerische Ermessensentscheidung des Aufsichtsrats, AG 2008, 761, 769.

PALAN, DIETMAR/ *WERRES,* THOMAS,

Der grosse Bluff in: ManagerMagazin 12/2009, 56, 61.

PRIESTER, HANS-JOACHIM/ *MAYER,* DIETER,

Münchener Handbuch des Gesellschaftsrechts, Band 3: Gesellschaft mit beschränkter Haftung, 3. A. 2009.

PYSCHNY, MARIUSZ,

Die Kombination eines *trust* mit einer *corporation* (Delaware) als Nachfolgemodell für Familienunternehmen – Gestaltungsmöglichkeiten und -grenzen, 2007.

RINGLEB, HENRIK-MICHAEL/ *KREMER,* THOMAS/ *LUTTER,* MARCUS/ *VON WERDER,* AXEL,

Kommentar zum Deutschen Corporate Governance Kodex, 3. A. 2008.

RÖNNAU, THOMAS/ *HOHN,* KRISTIAN,

Die Festsetzung (zu) hoher Vorstandsvergütungen durch den Aufsichtsrat – ein Fall für den Staatsanwalt?, NStZ 2004, 113, 123.

RUDOLPH, BERND,

Unternehmensfinanzierung und Corporate Governance - Entwicklungen und weiterer Anpassungsbedarf, BB 2003, 2053, 2060.

SAL. OPPENHEIM JR. & CIE.,

Geschichte einer Bank und einer Familie, 1992.

SCHMIDT, KARSTEN/ *EBKE,* WERNER F.,

Münchener Kommentar zum Handelsgesetzbuch, Band 4, 2. A. 2008.

SCHRÖDER, ANDREAS,

Mischkonzern Haniel ordnet Führung neu in: StZ v. 19.12.2009, 15.

SCHRÖDER, REGINA W.,

Integration von Risikoabhängigkeiten in den Risikomanagementprozess, DB 2008, 1981, 1985.

SCHWARZER, URSULA,

Auf gläsernen Füßen in: ManagerMagazin 12/2008, 22, 23.

SIGLE, WALTER,

Beiräte, NZG 1998, 619, 622.

SIMON, FRITZ B.,

Gerechtigkeit, Richtigkeit und Rechtmäßigkeit – Entscheidungs-Findung in Familienunternehmen in: *Lange*, Knut Werner/ *Schiereck*, Dirk, Nachfolgefragen bei Familienunternehmen, 2003, 35, 48.

SIMON, FRITZ B./ *WIMMER*, RUDOLF/ *GROTH*, TORSTEN,

Mehr-Generationen-Familienunternehmen, 2005.

SPINDLER, GERALD/ *KEPPER*, KATRIN,

Funktionen, rechtliche Rahmenbedingungen und Gestaltungsmöglichkeiten des GmbH-Beirats (Teil I), DStR 2005, 1738, 1743.

SPINDLER, GERALD/ *STILZ,* EBERHARD,

Kommentar zum Aktiengesetz, Band 1, 2007.

SPINNEN, BURKHARD,

Der schwarze Grat, 2005.

STIEBER, BENNO,

Weniger ist mehr in: enable 04/2009, 6, 11.

STUDENT, DIETMAR,

Aufsicht mit Gebrüll in: ManagerMagazin 04/2009, 40, 46.

SUDHOFF, HEINRICH,

Familienunternehmen, 2. A. 2005.

SÜßMANN, RAINER,

Neue Kriterien für die Vergütung der Vorstände, BB 2009, 1481.

TARTLER, JENS,

Es läuft rund in: enable 04/2009, 12, 15.

THEISEN, MANUEL R.,

Sucht die Bundesregierung qualifizierte Aufsichtsräte?, Der Aufsichtsrat 2009, 17.

THEUSINGER, INGO/ *LIESE,* JENS,

Rechtliche Risiken der Corporate Governance-Erklärung, DB 2008, 1419, 1423.

THÜMMEL, RODERICH C.,

Möglichkeiten und Grenzen der Kompetenzverlagerung auf Beiräte in der Personengesellschaft und in der GmbH, DB 1995, 2461, 2465.

THÜMMEL, RODERICH C./ *SPARBERG*, MICHAEL,
Haftungsrisiken der Vorstände, Geschäftsführer, Aufsichtsräte und Beiräte sowie deren Versicherbarkeit, DB 1995, 1013, 1019.

TILLMANN, BERT/ *MUELLER-THUNS*, THOMAS,
Handbuch GmbH & Co. KG, 20. A. 2009.

WAGNER, JENS/ *WITTGENS*, JONAS,
Corporate Governance als dauernde Reformanstrengung: Der Entwurf des Gesetzes zur Angemessenheit der Vorstandsvergütung, BB 2009, 906, 911.

VON WERDER, AXEL/ *TALAULICAR*, TILL/ *PISSARCZYK*, ANJA,
Das Kommentierungsverhalten bei Abweichungen vom Deutschen Corporate Governance Kodex, AG 2010, 62, 72.

WESTERMANN, HARM PETER/ *WERTENBRUCH*, JOHANNES,
Handbuch der Personengesellschaften, Lfg. 45 August 2009.

WIMMER, RUDOLF/ *GROTH*, TORSTEN,
Erfolgsmuster des Gesellschafterkreises langlebiger Familienunternehmen in: *Scherer*, Stephan/ *Blanc*, Michael/ *Kormann*, Hermut/ *Groth*, Torsten/ *Wimmer*, Rudolf, Familienunternehmen, 2005, 91, 149.

Schriften zu Familienunternehmen

Herausgegeben vom Wittener Institut für Familienunternehmen

Band 1
Arist von Schlippe, Tom Rüsen und Torsten Groth (Hrsg.)
Beiträge zur Theorie des Familienunternehmens
Lohmar – Köln 2009 • 304 S. • € 59,- (D) • ISBN 978-3-89936-823-9

Band 2
Tom A. Rüsen, Arist von Schlippe und Torsten Groth (Hrsg.)
Familienunternehmen – Exploration einer Unternehmensform
Lohmar – Köln 2009 • 324 S. • € 62,- (D) • ISBN 978-3-89936-850-5

Band 3
Felix Georg Fabis
Konflikte im Familienunternehmen – Instrumente zur Vermeidung und Lösung
Lohmar – Köln 2009 • 132 S. • € 43,- (D) • ISBN 978-3-89936-868-0

Band 4
Florian Berthold
Familienunternehmen im Spannungsfeld zwischen Wachstum und Finanzierung
Lohmar – Köln 2010 • 332 S. • € 54,- (D) • ISBN 978-3-89936-895-6

Band 5
Christopher D. Iliou
Corporate Governance und mittelständische Familienunternehmen – Ein nur scheinbarer Widerspruch
Lohmar – Köln 2010 • 108 S. • € 42,- (D) • ISBN 978-3-89936-910-6

JOSEF EUL VERLAG